土木工程系列丛书

画 法 几 何

（第三版）

谢步瀛　刘　政　董　冰　顾生其　主编

同济大学出版社
TONGJI UNIVERSITY PRESS

内 容 提 要

本书共 13 章,内容主要有:概论,点,直线,平面,直线与平面、平面与平面,投影变换,平面立体,平面立体相交,曲线,曲面和曲面立体,曲面立体相交,轴测投影,正多面体和空间结构。其中,第 13 章正多面体和空间结构是为配合研究性学习提供的素材。

本书可作为高等学校本科土建类专业的教材,也可供成人继续教育的同类专业选用。

图书在版编目(CIP)数据

画法几何/谢步瀛等主编.--3 版.--上海:同济大学出版社,2016.9(2019.9 重印)

ISBN 978-7-5608-6515-7

Ⅰ.①画… Ⅱ.①谢… Ⅲ.①画法几何—高等学校—教材 Ⅳ.①O185.2

中国版本图书馆 CIP 数据核字(2016)第 208766 号

画法几何(第三版)

谢步瀛 刘 政 董 冰 顾生其 主编

责任编辑 马继兰 责任校对 徐春莲 封面设计 陈益平

出版发行	同济大学出版社 www.tongjipress.com.cn	
	(地址:上海市四平路 1239 号 邮编:200092 电话:021－65985622)	
经 销	全国各地新华书店	
印 刷	常熟市大宏印刷有限公司	
开 本	787mm×1092mm 1/16	
印 张	13.25	
字 数	331 000	
版 次	2016 年 9 月第 3 版 2019 年 9 月第 3 次印刷	
书 号	ISBN 978-7-5608-6515-7	
定 价	30.00 元	

第三版前言

　　本书增加了教学经验丰富的一线教师参与修订,为教材的可持续发展打下了坚实的基础。本次修订,改正了一些第二版中存在的错误,同时将原第 6 章与第 7 章次序对调,即原第 6 章平面立体改为第 7 章,第 7 章投影变换改为第 6 章。

　　参加本书修订的有:谢步瀛(第 1 章、第 13 章)、董冰(第 2 章—第 6 章)、刘政(第 9 章—第 11 章)、顾生其(第 7 章、第 8 章、第 12 章)。

　　热忱欢迎读者对本书批评指正。

编者

2016 年 7 月

第二版前言

本书根据教育部工程图学教学指导委员会最新修订的《工程图学课程教学基本要求》的精神,在第一版的基础上修订而成。本版保留了第一版的一些主要特色,同时,做了以下内容的增删修订。

1. 所有文字作了删简,插图作了修整。
2. 投影变换一章的插图作了重新设计。
3. 直线主要采用两端点标注的方式,减少了单字母标注方式。
4. 立体的投影增加了示意图。
5. 删除了标高投影的内容。
6. 增加了正多面体和半正多面体的展开图。

参加本书修订的有:谢步瀛(第1章、第13章)、董冰(第2章—7章)、刘政(第8章—12章)。

热忱欢迎读者对本书批评指正。

编者

2009 年 9 月

第一版前言

画法几何这门课要求学生通过理解和想象来表达并绘制几何形体。这是有志于成为工程技术人员的学习者,从一开始就必须掌握的基础和技能。画法几何课程是工程图学理论的基础,相对于其他一些课程,画法几何是一门比较传统的"古老"的学科。然而,画法几何所具有的"传统""古老"的特点,并不说明画法几何课程的教学就应该采用古老的、传统的方法。恰恰相反,不论是借鉴许多长期从事画法几何学科教学的教师经验,还是参照近现代发展起来的教学方法论和学习心理学等科学理论,我们有充分的理由认为、认真地探索并切实可行地改进画法几何课程的教学方法是很有必要的。

画法几何是一门理论性很强的专业基础课程。同时,画法几何还具有与工程实践密切联系的特点。也就是说,人们在工作和生活中遇到的各种各样的事物,往往都可以成为画法几何学习过程中理论联系实际的对象。为了培养学生在学习本课程时理论联系实际的习惯和能力,我们认为,在教学过程中应该指导学生学会这种思维方法。也就是说,在教师的指导下,学生能主动地获取知识,应用知识和解决问题。

本教材结合科学研究和工程技术的实际,选择了一些有意义的几何形体作为研究和练习的对象,并有条理地编排了与之相关的平面几何、立体几何和解析几何的知识内容。希望这种通过与平面、立体、解析几何知识的密切结合来学习画法几何基本原理的方法,能够成为画法几何课程改革创新的一次成功的尝试。

本教材为学生的研究性学习提供了很多对象和素材。特别是,"多面体和空间结构"一章作为一个独立部分,从平面几何、立体几何、解析几何以及投影原理等角度讨论多面体和空间结构的性质,给学生留下了大量想象空间和发挥空间,学生可以从中选择课题,制作模型,编制程序,撰写论文。

本书提供了一些讨论题和思考题供教师和学生参考。教师在采用本教材授课时,可以多提出问题,以引导学生讨论;最好是能启发和鼓励学生多提问题,提出更实际的问题。学生积极地提出问题,讨论问题,解决问题,就是向研究性学习迈进了一大步。

为了帮助学生理论联系实际,使得画法几何理论与工程技术和生活实践密切地结合起来,本教材编排了一些源于实际应用的例题和习题。我们认为,是否有能力设计出合适的应用题,可以作为判断学生学习效果的重要指标。因此,应该鼓励学生设计出应用题。例如,可以给出某些条件,在作业和考试中安排应用题的设计任务,然后根据题目的质量评分。问题讨论是本课程的重要内容。每章后留有思考题,与本书配套使用的《画法几何习题集》将相继出版。

本书作为高等学校本科土木类各专业的教材,也可供其他类型学校,如职工大学、函授大学等有关专业选用,也可供有关专业的技术人员作为参考书。

参加本书编写的有:谢步瀛(第 1 章、第 13 章)、董冰(第 2 章—7 章)、刘政(第 8 章—12 章)。全书由谢步瀛主编。

热忱欢迎读者对本书批评指正。

编者
2002 年 6 月

目　录

1 概 论

1.1 画法几何的任务

在日常生活中,可以看到各种各样的形体,例如,上海东方明珠电视塔是若干圆柱、圆球、圆锥的组合体,如图1-1所示。因为,当研究空间物体在平面上如何用图形来表达时,由于空间物体的形状、大小和相互位置等各不相同,不便以个别物体来逐一研究。并且为了使得研究时易于正确、深刻和完全以及所得结论能广泛地应用于所有物体,因此,采用几何学中将空间物体综合和概括成抽象的点、线、面、体等几何形体的方法,图1-1(b)是上海东方明珠电视塔的抽象模型,先研究这些几何形体在平面上如何用图形来表达的方法(即下述的投影方法)以及如何通过作图来解决它们的几何问题,这就形成了画法几何这门学科。

画法几何是研究在二维平面上图示空间几何形体和图解空间几何问题的理论和方法的学科。主要研究空间几何元素(点、线、面)及其相对位置在平面上的表示方法;研究在平面上用几何作图的方法来解决空间几何问题。

用图解法解决空间几何问题,在生产中是一种重要手段。例如,土木工程中,估算施工现场的土石方作业和工程量。图解法与计算法相比,由于仪器工具的限制,在精度上有一定的局限性,但在一定精度要求范围内,比计算法来得简便迅速。

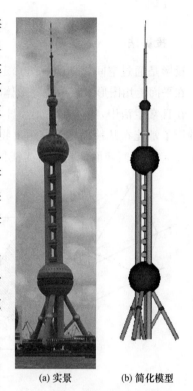

(a) 实景　　　(b) 简化模型

图 1-1　上海东方明珠电视塔

在学习图示法和图解法的过程中,能培养和发展空间想象力和空间构思能力。因此,锻炼和提高这方面的能力,也是学习画法几何的任务之一。

画法几何与工程制图有密切关系。画法几何为工程制图中用图形表达机件和有关图解法提供了基本原理和基本方法。本着理论联系实际的原则,在学习中应该注意画法几何与工程制图的联系和配合。

20世纪50年代以来,计算机绘图和图形显示技术不断发展,人工绘制工程图样必将愈来愈多地由计算机所取代.但在对空间几何问题的计算机描述中,仍将以画法几何的某些方法作为算法的基础之一,而画法几何也将为适应计算机化的需要而有所更新和改革。这也是当今学习和研究画法几何时需考虑的一个方面。

高等工业学校工程专业的学生,不论在以后专业课的学习、课程设计和生产实习中,以及毕业后在工作岗位上,都必须具有有关的知识和制图能力。因此,所有高等工科学校的各工程专业的教学计划里,都把画法几何列为必修的基础技术课,以培养学生图示空间几何形体和工程上物体的能力,以及解决几何问题的能力。

在学习本课程过程中,还要培养和发展空间想象能力、逻辑思维能力和动手能力,培养耐心细致的工作作风和认真负责的工作态度,并且,在以后有关课程的学习和生产实践中,结合专业内容和生产实际来巩固和提高。

1.2 投影

1.2.1 投影法

投影是通过空间物体的一组选定的直线与一个选定的面交得的图形。

在平面上用图形来表示空间形体时,首先要解决如何把空间形体的形象表示到平面上去。

在日常生活中,物体在灯光和日光照射下,会在地面、墙面或其他物体表面上产生影子。这种影子常能在某种程度上显示出物体的形状和大小,并随光线照射方向等的不同而变化。图 1-2(a)为空间四面体在平行光线照射下在平面上形成影子的情况。

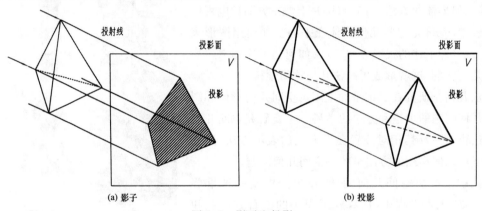

图 1-2 影子和投影

在工程上,人们就把上述的自然现象加以抽象来得到空间形体的图形,如图 1-2(b)所示。这时,我们规定:影子落在一个平面上,并且光线可以穿过物体,使得所产生的"影子"不像真实影子那样黑色一片,而能在"影子"范围内由线条来显示物体的完整形象;此外,对光线方向也作了某些选择,使其能产生合适的"影子"形状。这种应用通过空间物体的一组选定直线,在一个选定的面上形成的图形,即为物体在该面上的投影,投影所在的面,称为投影面,本书的投影面均为平面;形成投影的直线,称为投射线;这种应用投射线在投影面上得到投影的过程称为投射,这种方法称为投影法。

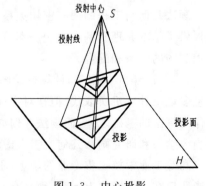

图 1-3 中心投影

1.2.2 投影的种类

按照投射线相互之间关系和对投影面的方向不同,投影分:投射线从一点出发的投影,称为中心投影,如图 1-3 所示,该点 S 称为投射中心;投射线互相平行的投影,称为平行投影,如图 1-4 所示。在平行投影中,投射线与投影面斜交时的投影,称为斜投影,如图 1-4(a)所示,投射线与投影面正交(垂直)时的投影,称为正投影,如图 1-4(b)所示。

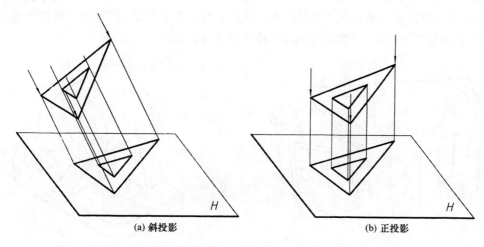

(a) 斜投影   (b) 正投影

图 1-4　平行投影

1.2.3　平行投影的性质

平行投影有以下性质:

(1)平行两直线的投影仍互相平行(图 1-5),如果 $AB/\!/CD$,则 $ab/\!/cd$。

(2)属于直线的点,其投影属于直线的投影(图 1-6)。如果 $G\in EF$ 则 $g\in ef$。

(3)点分线段的比值,投影后保持不变(图 1-6),即 $EG:GF=eg:gf$。

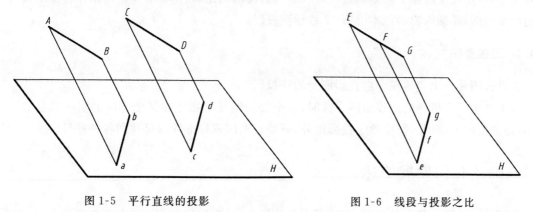

图 1-5　平行直线的投影   图 1-6　线段与投影之比

1.3　工程图种类

按投影方法分,工程图中最常用的有下列三种:透视图、轴测图和正投影图。

— 3 —

1.3.1 透视图

透视图是用中心投影法将物体投射在单一投影面上所得到的图形。

图 1-7 为一座房屋的透视图。这种图有较强的立体感和真实感，但不能反映物体的真实形状和大小，且作图较繁，一般仅用作表示建筑物等的表现图。

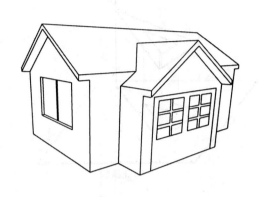

图 1-7　房屋的透视图

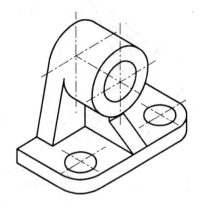

图 1-8　机件的轴测图

1.3.2 轴测图

轴测图是将物体连同其参考直角坐标系，沿不平行于任一坐标面的方向，用平行投影法将其投射在单一投影面上所得到的图形。

图 1-8 为一个机件的轴测图。这种图也有立体感，有的并能反映物体上某些方向的形状和大小，但不能反映整个物体的真实形状。与透视图相比，作图较简单。常用作各种工程上的辅助性图，详细内容参见本书第 12 章轴测投影。

1.3.3 正投影图

正投影图是一个物体在一组投影面上的正投影。

图 1-9 为一个机件的正投影图。这时，每个投影能反映物体在某个方向的实际形状和大小，是主要的工程图。图中除了投影以外，还要根据国家标准注以尺寸和各种符号。

1.4　画法几何发展简述

我国是一个历史悠久的国家，创造了大量灿烂文化，在工程图方面也有不少成就。

在现存的大量汉代的画像砖和画像石上的图画，包含有透视图、轴测图和正投影图等形状的房屋、桥、车辆等形状的图形。又如现存的河北平山县战国时中山王墓中的一件铜制的建筑规划的平面图（940mm×480mm），比例为 1/500，有文字标明尺寸。还有现存的宋平江图（平江即今苏州）石刻（2020mm×1360mm），是宋绍定三年（1229 年）重建时石刻，为一幅城市规划图。

著作有：刊于宋崇宁四年（1106 年）李明仲的《营造法式》，是一本建筑格式的书籍，共三

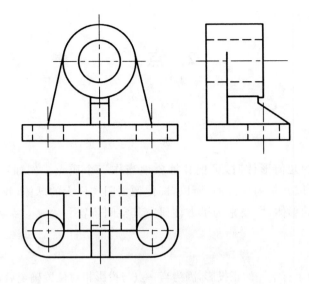

图 1-9 机件的正投影图

十六卷,有大量房屋图。宋苏颂(1020—1101 年)所著《新仪象法要》,有天文仪器的立体装配图以及零件的单面投影图等。此外,元王桢著的《农书》(1313 年)、明宋应星著的《天工开物》(1637 年)等,都附有很多图样。

作图理论方面,如南北朝宋炳《山水画序》有:"张素绢以远映,则昆阆之形,可围于方寸之间",其论述与现代透视投影原理类似。

仪器工具方面,如现存的汉武氏祠石像上有伏羲拿矩、女娲拿规的象,规、矩相似于现今的圆规和角尺。

比例方面,在汉代《周髀算经》中有:"以丈为尺,以尺为寸,以寸为分"的画图比例。如上述中山墓中石刻,应用了 1/500 的比例。

由上所述,可见我国的工程图学已有很长历史,在此不一一列举。

国际上,特别是法国科学家加斯帕·蒙日(Gaspard Monge,1746—1818 年)于 1795 年发表了多面投影法的著作——《画法几何》(我国有译本,1984 年廖先庚译),画法几何形成了一门独立的学科,奠定了图示和图解的理论基础。

开始时,图是徒手绘就的。后来,逐渐应用尺和仪器来手工绘制。近二三十年来,由于计算机技术和理论的发展,现在,大量的工程图已应用计算机绘图技术来绘制,使得工程图进入一个崭新的时代,也为画法几何提供了新的发展空间。

2 点

2.1 点的投影

当忽略一个物体的几何形体时,可把其抽象地当作一个质点。例如,在研究宇宙星系时,由于星球间距离是以光年为单位的,所以,即使像太阳这样大的球体,我们也可把它当作一个质点。忽略物体的形体,主要是为了方便研究其空间位置。

2.1.1 点的单面投影

一点在一个投影面上有唯一的正投影,因为当一点与投影相对位置确定后,由该点只能作一条垂直于投影面的投射线,与投影面交于一点。

如图 2-1 所示,设空间有一点 A 和一个投影面 H,通过 A 点只能作一个垂直于 H 面的投射线 Aa,与 H 面只能交得一个正投影 a 点。

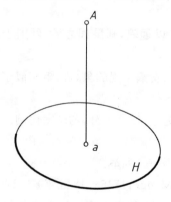

图 2-1 点的正投影

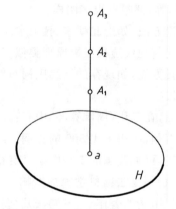

图 2-2 同一条投射线上点的投影

根据一点在一个投影面上的正投影,不能确定该点在空间的位置,因为它离投影面的高度(z 坐标)不确定。

如图 2-2 所示,同一条投射线上各点如 A_1,A_2,A_3 等在 H 面上的正投影重叠于一个 a 点,因而仅由正投影 a 点,不能确定 A 点在空间与投影面 H 的相对位置。

在本书中除了轴测投影外,讨论的都是正投影。为叙述简洁起见,以后把正投影简称为投影;此外,正投影中投射线必定垂直于投影面,一般也不再说明。

2.1.2 点的两面投影

(1) 单凭一点在投影面上的投影,不能确定该点在空间的位置。

如图 2-3(a)所示,取两个相互垂直的投影面,组成两投影面体系。一个是水平的投影面,用字母 H 表示,称为水平投影面,简称 H 面;另一个是正对观察者的直立投影面,用字

母 V 表示,称为正立面投影面,简称 V 面。它们相交于一条水平直线,用字母 OX 表示,称为投影轴 OX,简称 X 轴。

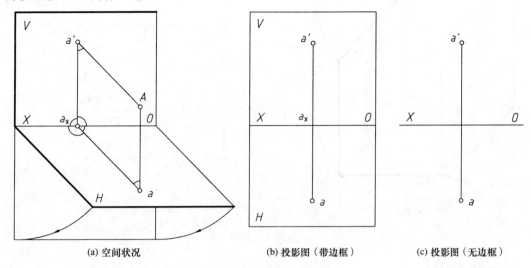

(a) 空间状况　　　　　　(b) 投影图（带边框）　　　　　　(c) 投影图（无边框）

图 2-3　点的两面投影

（2）点的两面投影。现设空间有一点 A,由点 A 分别向 H 面和 V 面作投射线 Aa 和 Aa',交点 a 和 a' 就是 A 点在 H 面和 V 面上的投影,分别称为 A 点的水平投影和正面投影,也称为 H 面投影和 V 面投影。

以后规定,为了表达和说明需要,图中点及其投影用小圆圈表示;空间点用大写字母（或罗马数字）表示;H 面投影用对应的小写字母（或阿拉伯数字）表示,如 a;V 面投影用小写字母（或阿拉伯数字）加上标"′"表示,如"a'"。

（3）根据一点在两个互相垂直的投影面上的两个投影,可以确定该点在空间的位置。

如图 2-3(a) 所示,a 点和 a' 点为空间一点 A 在 H 面和 V 面上的投影,可通过点 a 和点 a' 分别引 H 面和 V 面的垂直线 aA,$a'A$,它们的交点就是点 A 在空间的位置。点 a 反映了 x 坐标、y 坐标,点 a' 反映了 x 坐标、z 坐标,两个投影确定了点 A 的空间坐标 x,y,z。

为了要在一个平面（如纸面）上表示出空间两个投影面上的投影,就要把空间两个投影面上的投影放在一个平面上。为此,如 V 面不动,把 H 面绕 X 轴向下旋转,使得与 V 面重合,如图 2-3(b) 所示。这种投影面重合后得到的多面投影,称为投影图。在投影图中,V 面位于 H 面上方,H 面位于 X 轴下方。因为投影面的大小是任意的,所以,不必画出投影面的边框,如图 2-3(c) 所示。同时,也不必注出 H 面、V 面,甚至 OX 等字母。

2.1.3　点的三面投影

（1）虽然一点的两面投影已能确定该点在空间的位置,但在某些情况下,需要作出点在两个以上投影面上的投影。

如图 2-4(a) 所示,除了投影面 H 面、V 面,以及点 A 和它的投影点 a 和 a' 以外,另设有一投影面 W 且同时垂直于 H 面和 V 面,组成一个三面投影体系。该面是一个位于右侧的直立面,称为侧立面投影面,简称 W 面。它与 H 面、V 面的相交直线,分别称为投影轴 OY

— 7 —

和投影轴 OZ，简称 Y 轴和 Z 轴。三条轴垂直相交于一点 O，称为原点。

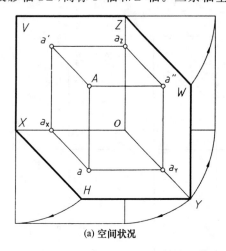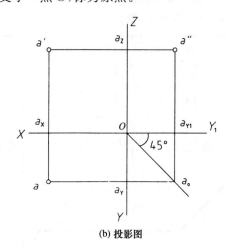

（a）空间状况 　　　　　　　（b）投影图

图 2-4　点的三面投影

（2）点的三面投影。

现由点 A 向 W 面作投射线 Aa''，交点 a'' 就是点 A 在 W 面上的投影，称为侧面投影，也称为 W 面投影。标记时，用小写字母右上角加"″"表示。如点 A 的 W 面投影，则用 a'' 表示。当点用罗马数字表示时，则用对应的阿拉伯数字右上角加"″"表示。

为了使三个投影面上的投影成为在一个平面上的投影图，除了 V 面不动，H 面向下旋转入 V 面外，W 面则绕 OZ 轴向右旋转与 V 面重合，结果如图 2-4(b)所示，该图已省去投影面边框。这时，Y 轴分成两条，在 H 面上的仍用 Y 表示，在 W 面上的用 Y_1 表示。

2.1.4　点的投影特性

在投影图上，点的投影具有下列特性：

（1）一点的投影连系线垂直于投影轴。

投影图上，一点的两个投影之间连线，称为投影连系线，简称连系线。如图 2-3(c)所示连系线 aa'，应垂直于 X 轴。

因为，Aa 和 Aa' 决定了一个平面 aa_Xa'（图 2-3(a)），它与 H 面、V 面交于直线 aa_X、$a'a_X$，并与 X 轴交于 a_X 点。该平面因包含了垂直于 H 面、V 面的直线 Aa、Aa'，所以也垂直 H 面和 V 面，同时 H 面和 V 面本身也是垂直的，因而形成三个互相垂直的平面 Aaa_Xa'、H 面和 V 面，它们间交线也必互相垂直，即 $aa_X \perp OX$、$a'a_X \perp OX$ 和 $aa_X \perp a'a_X$。

当 H 面旋转入 V 面时，H 面和 V 面上图形保持不变，所以互相垂直的直线仍互相垂直，即 $aa_X \perp OX$、$a'a_X \perp OX$。因而在投影图上，aa_X 和 $a'a_X$ 位于一条垂直于 X 轴的直线 aa' 上，即连系线 $aa' \perp OX$。也就是一点的两个投影一定位于垂直于投影轴的连系线上。

投影图上，连系线用细直线表示。一点的连系线与投影轴的交点，用对应于该点的小写字母于右下角加 X 表示。

（2）一点的一个投影到投影轴的距离，等于该点到相邻投影面的距离。

如图 2-3(b)所示，H 面上线段 aa_x，反映了 A 点到 V 面的距离；V 面上线段 $a'a_x$，反映

— 8 —

了 A 点到 H 面的距离。

因为在上述的图 2-3(a)的平面图形 Aaa_xa' 中,除了 $aa_x \perp a'a_x$ 外;还有 $Aa \perp H$ 及 $Aa' \perp V$,所以 $Aa \perp aa_x$ 及 $Aa' \perp a'a_x$。因此图形 Aaa_xa' 是一个矩形,$aa_x = Aa'$,$a'a_x = Aa$,Aa',Aa 分别为 A 点到 V 面和 H 面的距离。

根据点在 H 面和 V 面上的两面投影图的特性,就可得出三面投影图的特性。

如在 V 面和 W 面投影中(图 2-4(a)),因为 Aa' 和 Aa'' 决定一个平面 $Aa'a_za''$,与 Z 轴交于 a_z 点,与 V 面、W 面的交线 $a'a_z$,$a''a_z$ 均垂直于 Z 轴。重合后,连系线 $a'a'' \perp Z$ 轴,呈水平方向。此外,平面 $Aa'a_za''$ 也为一矩形,$a'a_z = Aa''$,表示 A 点到 W 面的距离;$a''a_z = Aa'$,表示 A 点到 V 面的距离。

同样,Aa 和 Aa'' 所决定的一个平面 Aaa_ya'' 与 Y 轴交于 a_Y 点,与 H 面、W 面的交线 aa_Y,$a''a_Y$ 垂直于 Y 轴。投影图(图 2-4(b))中,a_Y 分成两点,分别用 a_Y 及 a_{Y_1} 表示。除了 $Oa_Y = Oa_{Y_1}$ 外,连系线的一段 $aa_Y \perp OY$,为水平方向;另一段 $a''a_{Y_1} \perp OY_1$,呈垂直方向。它们的延长线的交点 a_0,位于一条通过 O 点的 45°方向的斜线上。图形 $Aa'a_ya''$ 同样是一个矩形,$aa_Y = Aa''$,表示 A 点到 W 面的距离;$a''a_{Y_1} = Aa$,表示 A 点到 H 面的距离。

由上所述,在三面投影体系中,由一点的任意两个投影,均可表示一点在空间与投影面的相对位置。因此,空间一点可以由三个投影中任意两个来表示,也可由任意两个投影作出第三个投影。

以后如无特殊需要,a_X,a_Y,a_Z 和 a_0 等点的小圆圈和文字标记均可省略。以后作图过程中也无需作出。O,X,Y,Z 等字母亦可省略,但 45°斜线建议初学者保留。

2.1.5 特殊位置的点

图 2-3(a)和图 2-4(a)中,点 A 都不位于投影面上。实际上,一点也可能位于投影面上或在投影轴上,甚至与原点重合形成三种特殊位置的点,它们的投影可以恰在投影轴上或于原点重合,如图 2-5 所示。

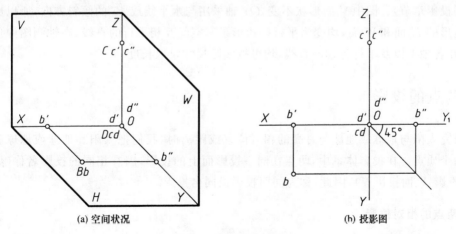

(a) 空间状况　　　　　　　(b) 投影图

图 2-5　特殊位置的点

投影面上的点,一投影重合于该点本身,另外的投影在投影轴上。如图 2-5 所示,B 点位于 H 面上,H 面投影 b 与 B 点本身重合;b' 点位于 X 轴上;b'' 点位于 Y 轴上,投影图中,因

b''点位于 W 面上,应画在属于 W 面上的 OY_1 轴上。

投影轴上的点,两投影重合于该点本身,另外一投影与原点 O 重合。如图 2-5 所示,C 位于 Z 轴上,它的 V 面和 W 面投影 c' 点和 c'' 点与本身重合,H 面投影 c 点则与原点 O 重合。

一点与原点重合,它的三个投影亦均与原点重合。如图 2-5 所示,D 点与原点 O 重合,它的三个投影 d 点、d' 点和 d'' 点均与原点重合。

2.1.6 坐标

根据一点的坐标,可以作出该点的投影图;反之,根据投影图,也可以量得该点的坐标。如将投影轴 X,Y 和 Z 视为解析几何里的坐标轴,则投影面即为坐标面。于是 A 点到 W 面、V 面和 H 面的距离 Aa'',Aa' 和 Aa,由于相应地平行于 X 轴、Y 轴和 Z 轴,故分别称为 A 点的 X 坐标、Y 坐标和 Z 坐标。A 点的坐标用字母 X_A,Y_A 和 Z_A 表示,并用形式 $A(X_A,Y_A,Z_A)$ 表示 A 点及其坐标。如图 2-4 所示,$X_A=15$,$Y_A=10$,$Z_A=20$,写成 $A(15,10,20)$。本书中尺寸单位均以毫米(mm)为单位,所以,尺寸数字后不必注以单位的文字或字母等。

在投影图中,如图 2-4(a)所示,由直线 Aa,Aa' 和 Aa'' 等组成的长方体,坐标可以由下列线段表示:

$$X_A=Oa_X=a_Ya=a_Za'$$
$$Y_A=Oa_Y=a_Xa=Oa_{Y1}=a_Za''$$
$$Z_A=Oa_Z=a_Xa'=a_{Y1}a''$$

这样,就建立起解析几何中坐标与画法几何中投影之间的关系。

2.1.7 轴测图

有了一点以及它的一个投影的轴测图,可以画出其投影图;反之,有了一点的投影图,亦可画出反映空间状况的轴测图。也可由一点的坐标画出其轴测图;反之,也可由轴测图量出坐标。

如图 2-3(a)和图 2-4(a)等表示的图形,称为轴测投影或某种形式的轴测图(有关内容详见轴测投影章节)。图中 V 面形状不变,OY 轴采用与水平线成 $45°$ 的倾斜方向,所以原来边框为矩形的 H 面和 W 面,均变为平行四边形了。空间互相平行的直线,在轴测图中仍互相平行,在各轴上以及平行各轴的直线,均可按实际尺寸量取长度。

2.2 两点的投影

当研究太阳与地球或地球与月亮的相对位置或距离时,我们把太阳和地球或地球和月亮视为两个质点。在投影体系中,两点在同一投影面上的投影,因有相同的投影名称(如均为 H 面投影,V 面投影等),因此,称为同面投影或同名投影。

2.2.1 两点的相对位置

两点的相对位置,是指垂直于投影面方向,也即平行于投影轴 X,Y,Z 的左右、前后、上下的相对关系,在投影图上,可由两点的同名投影之间的左右、前后、上下关系反映出来,如图 2-6 所示。

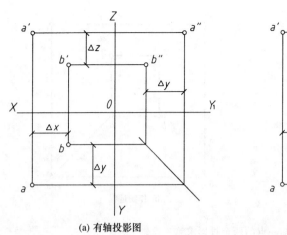
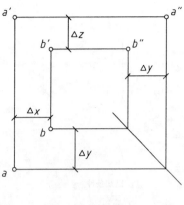

(a) 有轴投影图   (b) 无轴投影图

图 2-6　两点的投影

两点的相对距离,是指平行 X,Y,Z 方向的坐标差,分别称为长度差、宽度差和高度差。在图 2-6 中,长度差 $\Delta X=X_A-Y_B$;宽度差 $\Delta Y=Y_A-Y_B$;高度差 $\Delta Z=Z_A-Z_B$。

空间两点 $A(X_A,Y_A,Z_A)$ 和 $B(X_B,Y_B,Z_B)$ 间距离的解析几何表达式为

$$d=\sqrt{(X_A-X_B)^2+(Y_A-Y_B)^2+(Z_A-Z_B)^2}$$

2.2.2　有轴投影图和无轴投影图

画出投影轴的投影图,称为有轴投影图;不画投影轴的投影图,称为无轴投影图。以后仍总称为投影图。无必要时不予区别。

如果只研究空间两点之间的相对位置和相对距离,不涉及各点到投影面的距离时,投影轴可以不表示出来,如图 2-6(b)所示,以后表达其他几何形体时,可作同样处理。

投影图上不画出投影轴时,仍然应该想象成空间存在各种方向的投影面和投影轴。因此,三个投影之间互相排列方向,仍按有投影轴时一样,即它们之间的连系线方向不变。在图 2-6(b)中,aa' 仍成竖直方向,$a'a''$ 仍成水平方向;此外,过 a 点的水平连系线与过 a'' 点的竖直连系线,与 45°斜线相交于一点 a_0。无轴投影中,当 A 点在 H 面、W 面投影点 a 和点 a'' 已知时,则 45°斜线位置必随之而定,它必定通过由点 a 所作水平线和由点 a'' 所作竖直线的交点 a_0。如果无轴投影图中,已知 V 面投影,并知 H 面、W 面投影中的一个时,则 45°斜线的位置可以任意选取。

例 2-1　如图 2-7(a)所示的无轴投影体系中,已知 A 点的 a,a'',求 a';并知 B 点的 $b,$ b',求 b''。

解　图 2-7(b)由 a 点作竖直线,与由 a'' 点作水平线,交点即为 a'。由 b,b' 点求 b'' 点时,必须先画出 45°斜线。如果只有 B 点时,则 45°斜线可以任意选取。在此例中,B 点和 A 点处于同一个三投影面体系中,应该只有一条 45°斜线,由已知 A 点的 a,a'',应当先由 a 点作水平线,与由 a'' 所作的竖直线交得 a_0,由之定出 45°斜线。

然后,由 b 作水平线,与 45°斜线交于 b_0,再由 b_0 作竖直线,可与 b' 所作的水平线交得 b''。

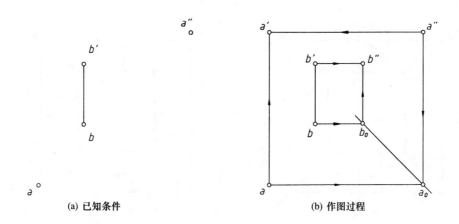

(a) 已知条件   (b) 作图过程

图 2-7　已知一点的两个投影求第三投影

2.2.3　重影点及其可见性

　　两点位于某一投影面的同一条投射线上，则它们在这一个投影面上的投影互相重叠，该重叠的投影称为重影点。例如，我们曾经看到过日全食现象，实际上就是月亮和太阳重影了，太阳被月亮挡住了，刹那间天空如同黑夜。如果我们假设有一个投影系统，其 V 面正好与太阳和月亮连线的方向垂直，那么，太阳和月亮就是 V 面上的重影点。一个投影面上的重影点的可见性，必须依靠该两点在另外的投影面上的投影来判定。例，如图 2-8 所示，V 面的重影点 C 和 D 位于一条垂直于 V 面的投射线上，所以 V 面投影 c' 和 d' 重叠成一个重影点。

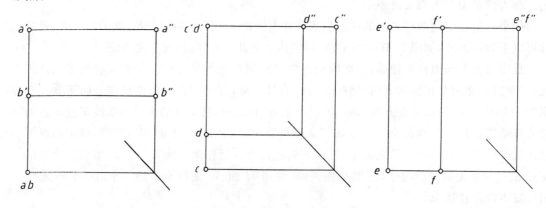

图 2-8　重影点及其可见性

　　在空间，当沿着投射线方向朝投影面观看时，离观看者近的点可见，离观看者远的点被近的点遮住而不可见。当朝 V 面向 C 点和 D 点观看时，C 点离观看者近，为可见的；D 点离观看者远被遮住而不可见的。在投影图中，H 面投影可反映上下关系，V 面投影可反映前后关系，而 W 面投影可反映左右关系。

　　一般规定：当要区别可见性而重影点注字时，应把空间可见点的投影字母写在前面；把不可见点的字母写在后面，甚至加上圆括号。

复习思考题

1. 在什么情况下,可以忽略物体的具体形状而将其抽象为一个质点?

2. 在将物体抽象成一个质点的过程中,该质点取自物体的何处? 即点的位置如何确定? 例如,将太阳抽象成一个质点。那么,代表太阳的这个点应确定在太阳球体的哪个位置上? 试举出若干例子。

3. 点的单面投影并不能确定其空间位置,故需要用两面或三面投影。那么,在什么情况下适合用三面投影?

4. 当点在 V 面之后或 H 面之下的场合,其投影有何特点?

5. 在建立起投影与坐标的关系后,两点间的相对位置也可从其坐标的数值中加以辨别和确定。重影点的坐标值之间有何特点?

6. 居住在南方偏僻地区的人们有一种独特的校对时钟方法:在晴朗的白天,站直在太阳下,当看到自身的头与脚的影子重合成一点的时候,确定那时就是正晌午,即中午 12 点。试用投影理论及其他相关知识解释上述现象。

3 直 线

3.1 直线的投影

当研究一个物体的长度或两物体的距离时,往往忽略其他要素。例如,工业上常见的型钢,需要多少米时,可能并不涉及具体的断面形状;说两地相距多少公里时,可能也没有考虑实际路程——是水路,还是陆路或航空线。这些事例都可抽象归纳为直线的范畴——只有两点之间的长度而没有具体形状,即断面形状为一无穷小的点。

3.1.1 直线的投影性质

(1) 直线的投影为直线上一系列点的投影的集合。因为,线可以视为一系列点的集合,故直线的投影,为直线上这一系列点的投影的集合。如图 3-1 所示,直线 AB 在 H 面的投影 ab,是由 AB 上各点 $A,\cdots,C,\cdots,D,\cdots,B$ 等,向 H 面作投射线 $Aa,\cdots,Cc,\cdots,Dd,\cdots,$ Bb,与 H 面交得各点的投影 $a,\cdots,c,\cdots,d,\cdots,b$,它们的连线 ab,即为直线 AB 的投影。

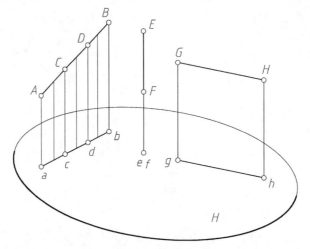

图 3-1　直线的投影

(2) 直线的投影为通过直线的投射平面与投影面的交线。所以,直线的投影,一般情况下仍为直线。如图 3-1 所示,当直线 AB 形成投影 ab 时,由于各投射线都通过同一直线且都垂直 H 面,所形成的平面,称为投射平面。该平面与 H 面相交成的直线 ab,为各投射线与 H 面交点的集合,即为直线上各点投影的连线,因此直线 ab 即为直线 AB 的投影。直线 AB 的投影 ab 仍是一条直线。

(3) 由直线的形成,可以得出:直线上任一点的投影,必在直线的投影上,直线端点的投影必为直线的投影的端点。

(4) 作直线的投影时,只要作出直线的两个端点的投影并连成直线即是。因为直线的投影仍为直线,直线的端点的投影仍为直线的投影的端点。

(5) 直线垂直投影面时,其投影积聚成一点。如图 3-1 所示,直线 EF 垂直 H 面,则通过 EF 上各点的投射线重合成一条,且与直线本身重合,与 H 面交成的投影 ef 只是一点。因为直线上各点的投影均积聚在这个成为一点的投影上,所以该投影称为直线的积聚投影,投影的这种性质称为积聚性。

(6) 直线平行投影面时,其投影与直线本身平行且等长。如图 3-1 所示,直线 GH 平行 H 面,通过它的投射平面 $GHgh$ 与 H 面交得的投影 gh 必定平行 GH;并且 Gg,Hh 均垂直 gh,图形 $GHgh$ 为一个矩形,所以 $gh=GH$。

3.1.2 直线的投影图

(1) 直线的投影。图 3-2(a)中,有一条直线 AB 和它的三面投影;图 3-2(b)为投影图。作图时,只要已知直线上两个端点的投影,它们的各同名投影的连线,即为直线的各投影。

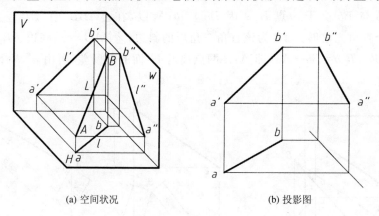

(a) 空间状况　　　　　　(b) 投影图

图 3-2　直线的三面投影

(2) 直线的图示。在投影图中,直线的投影用粗实线表示。直线的名称可由其端点表示,如直线 AB;直线的投影也用其端点来表示,如 H 面投影 ab。

(3) 直线的投影数量。直线是由端点标注的,由于直线的端点在空间的位置,可由两个投影面上的投影所确定,所以一条直线的空间位置也可由任意两个投影来确定,并可由此求出直线的第三投影。

3.2　直线对投影面的相对位置

直线由于对投影面的相对位置不同而分成三种:①与各投影面都倾斜的直线,称为一般位置直线,例如,在日常生活中我们看到的放风筝,一端在人手中另一端系在风筝上的绳索(忽略其由于自重、风力等原因所引起的变形)通常就是一条一般位置的直线。②与任一个投影面平行的直线,称为投影面的平行线,平时我们常见居家中的某些屋内墙上的踢脚线和屋外墙上的勒脚线都可看作是一些投影面的平行线,最常见的例子是小孩玩耍的游戏棒,手抓一把细棒,随意一撒,落在桌面上的每根细棒都是水平线。③与任一个投影面垂直的直线,称为投影面的垂直线,我们平时看到的某些房屋内外墙上的轮廓线,可以看作是一些投影面的垂直线,另外,我们看到的桅杆或旗杆也都是典型的投影面的垂直线的例子。投影面的平行线和投影面的垂直线两种直线总称为特殊位置直线。

3.2.1　一般位置直线

一般位置直线的各投影均呈倾斜方向,没有积聚性,也不反映直线的真实长度和倾角(图 3-2)。

直线与投影面所成的夹角,称为直线的倾角。直线对 H 面、V 面和 W 面的倾角,分别用小写希腊字母 α,β,γ 表示。

直线对某投影面的倾角,由直线与它在该投影面上投影之间的夹角来确定。如图 3-3(a)所示,直线 AB 与 ab 间夹角 α,即为 AB 对 H 面的倾角。它不能由一般位置直线的投影直接反映出来。

如图 3-3(a)所示,设在通过 AB 的且垂直于 H 面的投射平面 $AabB$ 内,由 A 点作一水平线 $AB_1 // ab$,与 Bb 交于一点 B_1。因 $Bb \perp ab$,所以,在 $\triangle ABB_1$ 中,$BB_1 \perp AB_1$,因而 $\triangle ABB_1$ 是一个直角三角形。AB 为该直角三角形的斜边;$\angle BAB_1 = \alpha$;底边 $AB_1 = ab$;另一直角边 $BB_1 = Bb - B_1b = Bb - Aa$,即 A,B 两点离开 H 面的高度差,可由 a',b' 两点的高度差 ΔZ 表示出来。

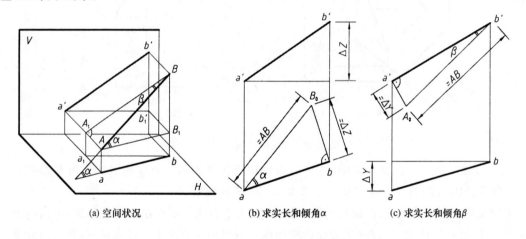

(a) 空间状况　　　(b) 求实长和倾角 α　　　(c) 求实长和倾角 β

图 3-3　线段 AB 的实长和倾角 α,β

在投影图中,如图 3-3(b)所示,作一直角三角形,以 ab 为底边,另一直角边 bB_0 等于 $a'b'$ 的高度差 ΔZ,则斜边 aB_0 反映 AB 的实长,$\angle baB_0 = \alpha$。

在图 3-3(a)中,通过 AB 且在垂直 V 面的投射平面内,由 B 点作 $BA_1 // b'a'$,则 $\triangle ABA_1$ 中,$\angle ABA_1 = \beta$。所以在投影图中,如图 3-3(c)所示,作一直角形 $a'b'A_0$,可求出 AB 的实长和倾角 β。

这种利用一个直角三角形反映出直线的投影,实长和倾角的方法,称为直角三角形法,该三角形的一直角边等于直线的一个投影;另一直角边等于该直线两个端点到该投影所在投影面的距离差;斜边长度反映直线的实长;斜边与该投影之间夹角,等于直线对该投影所在投影面的倾角。

可以用一把绘图用的直角三角尺进行模拟,将三角尺一直角边重合于任意平面上(当作投影面),并使三角尺与该平面垂直,这时与平面重合的一直角边即为投影,另一直角边则为坐标差,而三角尺的另一边(斜边)就是实长。与平面重合的一直角边和斜边(实长)的角度也就是一般位置直线(斜边)与平面(投影面)的倾角。

利用直角三角形法,由投影图可以求出直线的实长和倾角。如作直线的 W 面投影,同样可以求出倾角 γ。

例 3-1 设直线 AB 长 27mm,倾角 $\alpha=45°$,$\beta=30°$,已知前方左下端 A 点的投影 a,a',作全直线 AB 的两面投影。

解 参考图 3-3,并用直角三角尺模拟。现已知实长和倾角,在辅助作图的图 3-4(b)中,作出反映实长和倾角的两直角三角形。可以得出投影的长度 ab,$a'b'$ 和坐标差 ΔY,ΔZ。因而在图 3-4(c)中,在 A 点的后方右上角,可作出 B 点的投影点 b 和 b',即可得直线 AB 的投影 ab 和 $a'b'$。

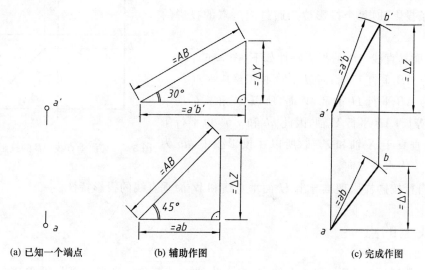

(a) 已知一个端点　　(b) 辅助作图　　(c) 完成作图

图 3-4 已知 AB 的 a',a'' 及实长、倾角,作全投影图

3.2.2 投影面平行线

平行 H 面,V 面和 W 面的直线,分别称为水平线、正平线和侧平线。

投影面平行线具有下列投影特性:

(1) 在它平行的投影面上的投影,平行于直线本身且为等长;该投影与水平方向或竖直方向间夹角,分别反映了直线对其他两个投影面倾角的大小。

(2) 在它不平行的投影面上的投影,平行于该投影面与直线所平行的投影面交成的投影轴;也就是直线在它不平行的两个投影面上的两个投影,共同垂直于这两个投影面交成的投影轴,即共同位于一条连系线上。因而成为水平方向或垂直方向。

例如,V 面平行线 AB 的投影特性如下(图 3-5):

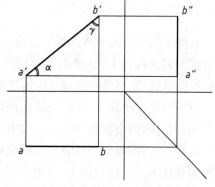

图 3-5 V 面平行线 AB 的投影特性

（1）因为 AB 平行 V 面，所以 $a'b'$ 平行 AB，且等长。

（2）因为 AB∥$a'b'$，ab∥X 轴，因此，$a'b'$ 与 X 轴，或任一水平线间夹角，等于 AB 与 H 面的倾角 α；并且 $a'b'$ 与 Z 轴，或与任一竖直线间夹角，等于 AB 与 W 面的倾角 γ。

（3）因为 AB 平行 V 面，投影 ab，$a''b''$，分别平行 X 轴，Z 轴，共同垂直于 Y 轴。

读者可自行按同样原理推导出 H 面平行线和 W 面平行线的投影特性。

3.2.3　投影面垂直线

垂直于 H 面、V 面和 W 面的直线，分别称为铅垂线、正垂线和侧垂线。

投影面垂直线具有下列投影特性：

（1）在它所垂直的投影面上的投影积聚成一点。

（2）在另外两个投影面上的投影，反映了实长，并共同平行于同一条投影轴，每个投影位于通过成一点的投影的一条连系线上。

例如：V 面垂直线 AB 的投影特性如下（图 3-6）：

（1）因为 AB 垂直 V 面，所以 $a'b'$ 必积聚成一点。

（2）因为 AB 平行 H 面和 W 面，所以 ab 和 $a''b''$ 均平行 AB，并且等长；AB 平行 Y 轴，因此 ab 和 $a''b''$ 也平行于 Y 轴，即分别垂直于 X 轴和 Z 轴，所以在投影图中，ab 为竖直方向，$a''b''$ 为水平方向。

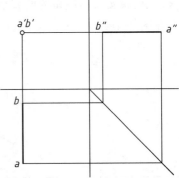

图 3-6　V 面垂直线 AB 的投影特性

读者可自行按同样原理推导出 H 面垂直线和 W 面垂直线的投影特性。

3.3　直线上的点

这是一个从属性的问题，直线上的点，属于直线的一部分。当把一直尺抽象成一直线时，尺上的刻度就可看作是直线上的点。我们甚至可把楼梯当作直线，那么，楼梯踏步就成了直线上的点。诸如此类的例子生活中还有不少：把中装衣服上的前襟看作一条直线，那在上面的纽扣就可被认为是直线（前襟）上的点；把拉链看作直线，拉链上的齿就是直线上的点；把轨道交通当作直线，那每个站台就是直线上的点，等等。

3.3.1　直线上点的投影

直线上的一点属于直线的一部分，那直线上一点的投影，也是直线投影的一部分，必定在直线的同名投影上，如图 3-7(a)所示，直线 AB 的 H 面投影为 ab。如直线上有一点 C，则 C 点的投射线 Cc 必位于通过 AB 的投射平面 $AabB$ 内，所以，Cc 与 H 面交成的投影 c 点，一定位于该投射平面与 H 面交成的投影直线 ab 上。同样，c' 点也一定位于 $a'b'$ 上，c'' 位于 $a''b''$ 上，而且每两个投影如 c，c' 一定位于同一条连系线上。

反之，一点的各投影在直线的同名投影上，并且位于同一条连系线上，则在空间，该点必定在该直线上。一般情况下，可由它们的任意两个投影来确定。如图 3-7(a)所示，由 c 及 c' 所引的 H 面、V 面投射线，位于通过 ab，$a'b'$ 的两个投射平面内，因此，两投射线的交点 C 就

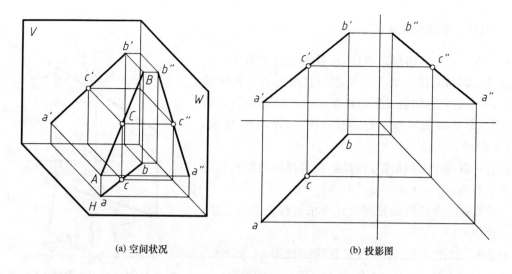

(a) 空间状况   (b) 投影图

图 3-7　直线 AB 上 C 点的投影

一定位于两个投射平面交成的直线 AB 上。

如果直线平行于某投影面时,还应观察直线所平行的那个投影面上的投影,才能判断一点是否在直线上。如图 3-8(b)所示,C 点在直线 AB 上;而 D 点虽然 d 在 ab 上,d' 在 $a'b'$ 上,但 d'' 不在 $a''b''$ 上,所以 D 点并不在 AB 上(实际上是 D 点的投影重影在 AB 直线的 V 面和 H 面投影上)。

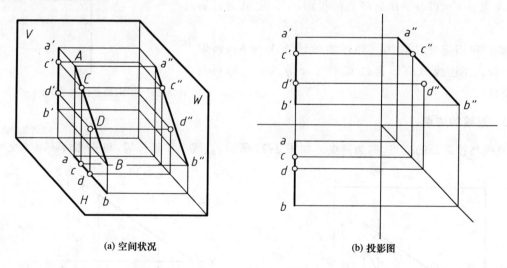

(a) 空间状况   (b) 投影图

图 3-8　W 面平行线上点

例 3-2　如图 3-8(b)所示,已知 W 面的平行线 AB 的投影 ab,$a'b'$ 及 AB 上一点 C 的投影 c,求 c'。

解　因为由 c 点作连系线,不能与 $a'b'$ 交出 c' 点,可以先作一条 $45°$ 斜线,求出 $a''b''$,由 c 作连系线,求出 c''。再由 c'' 作水平连系线来定出 c'。

3.3.2 直线上各线段之比

根据直线上一点的投影规律,可推出直线上若干点的投影规律。即由直线上若干点组成的直线上各线段的长度之比,等于它们的同名投影的长度之比。如图 3-7(a)所示,直线 AB 及 ab 被一组平行的投射线 Aa,Cc,Bb 所截,则 $AC:CB=ac:cb$。

而且可以得出下列结论:线段的同名投影间的长度之比也是相等的,即 $ac:cb=a'c':c'b'=a''c'':c''b''$。

利用直线上各线段的长度之比来求直线上点的方法,称为定比法。

例 3-3　如图 3-9 所示,已知直线的投影 ab 及 $a'b'$。设 AB 上有一点 C,使 $AC:CB=3:2$,作 C 点的投影。

解　过一点如 a 作一直线 l。以任意长度为单位,在 l 上由 a 点连续量取 5 个单位,得点 1,2,3,4,5。作连线 $b5$,过点 3 作 $b5$ 的平行线,与 ab 交得 c 点。则 $ac:cb=3:2$;由 c 点作连系线,就可以在 $a'b'$ 定出 c' 点。

例 3-4　如图 3-10 所示,已知一条 W 面平行线 AB 的投影 ab 及 $a'b'$,以及 AB 上 C 点的投影 c,不用 W 面投影作出 c'。

解　利用定比法作图。如作辅助线 $b'A_0=ba$,再取 $b'C_0=bc$。作连线 A_0a'。再过 C_0 作 $C_0c'\ /\!/\ A_0a'$,即可与 $a'b'$ 交得 c'。

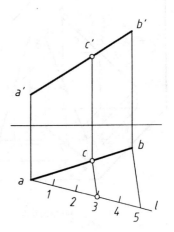

图 3-9　求直线 AB 上分点 C

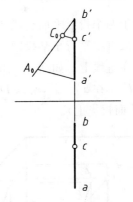

图 3-10　求 W 面平行线 AB 上分点

3.3.3 直线的迹点

直线与投影面的交点,称为迹点。如图 3-11 所示,直线 AB 延长后,与 H 面、V 面的交

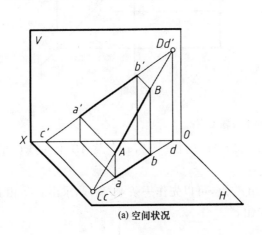

(a) 空间状况

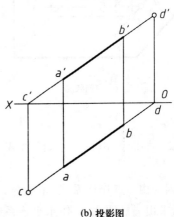

(b) 投影图

图 3-11　直线的迹点

点 C,D,分别称为 H 面迹点、V 面迹点。同样地,直线与 W 面的交点,称为 W 面迹点。

迹点是投影面上的点,所以,迹点在它所在的投影面上的投影,与本身重合;另外的投影在投影轴上。如 H 面迹点 C 是 H 面上的点,其 H 面投影 c 与 C 重合,V 面投影 c' 在 OX 轴上。同样,V 面迹点 D 的 V 面投影 d' 与 D 重合,H 面投影 d 在 OX 轴上。

迹点又是直线上的点,迹点的投影还应在直线的同名投影上。

例 3-5 如图 3-11(b)所示,已知直线 $AB(ab,a'b')$,求 AB 的 H 面迹点 $C(c,c')$ 和 V 面迹点 $D(d,d')$。

解 $a'b'$ 的延长线与 OX 轴的交点 c',是 H 面迹点 C 的 V 面投影;由 c' 点作连系线,与 ab 的延长线交得 c;同样,ab 的延长线与 OX 轴的交点 d,是 V 面迹点 D 的 H 面投影;由 d 作连系线,与 $a'b'$ 的延长线交得 d'。

3.4 两直线的相对位置

两条空间直线的相对位置有三种情况:平行、相交、交叉,特殊情况下为互相垂直和重合。可以在日常生活中把许多事物抽象成两直线的关系,例如,无轨电车的两条输电线、火车的两条铁轨、商场内自动扶梯的两边扶手等都可抽象地当作两平行直线;又如,大街上的十字路口、一把剪子的两个刃口、大座钟上的时针与分针等可以抽象成两条相交直线;还有,都市中的立交马路、桥梁与河流、高空走钢丝的特技演员手中所持的长棒与脚下的钢索等,也可把它们抽象地理解为两条交叉直线。

3.4.1 平行两直线

两直线互相平行,则它们的同名投影也互相平行;而且两直线的同名投影的长度之比,都与它们本身的长度之比相等,因而各同名投影之间的长度之比也相等,并且指向相同。

如图 3-12(a)所示,直线 AB 和 CD 互相平行,则过 AB 和 CD 所作的垂直于 H 面的两个投射平面也必定互相平行,因而与 H 面相交,所得的投影 ab 和 cd 也一定平行。同样,V 面、W 面投影 $a'b'$ // $c'd'$,$a''b''$ // $c''d''$。两面投影图如图 3-12(b)所示。

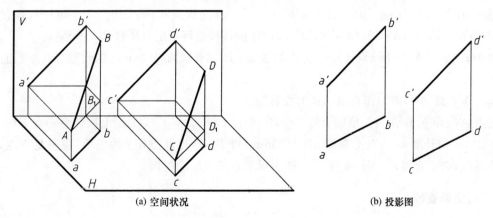

(a) 空间状况　　　　　　　　　　(b) 投影图

图 3-12　平行两直线

设过 AB,CD 垂直于 H 面的投射平面内,过 A,C 点作直线 $AB_1 \parallel ab,CD_1 \parallel cd$。则 $\triangle ABB_1 \backsim \triangle CDD_1$,因为 $AB \parallel CD$,$ab \parallel cd$ 和 $BB_1 \parallel DD_1$,所以,$ab : cd = AB : CD$。同样地,$a'b' : c'd' = AB : CD$,$a''b'' : c''d'' = AB : CD$。因此,$ab : cd = a'b' : c'd' = a''b'' : c''d''$。如果同时 AB 与 CD 的指向相同,则 ab 与 cd 的指向相同,$a'b'$ 和 $c'd'$ 的指向相同。

反之,如果两直线的各组同名投影均互相平行,则两直线本身在空间也平行。

如图 3-12(a)所示,如果 $ab \parallel cd$,则过 ab 和 cd 的两个投射平面也互相平行;如果 $a'b' \parallel c'd'$,则过 $a'b'$ 和 $c'd'$ 的两个投射平面也互相平行。于是两组互相平行的投射平面交得直线 $AB \parallel CD$。

两条一般位置直线的任意两组同名投影互相平行,则这两条直线在空间平行。而如果是两条投影面的平行线,则需画出投影面的平行线在该投影面上的同名投影才能确定,或者由各同名投影的指向和长度之比是否一致来确定。

在图 3-13(a)和(b)中,虽然 $ab \parallel cd$,$a'b' \parallel c'd'$,当作出了这两条直线的 W 面投影 $a''b''$ 和 $c''d''$ 后,才知道在图 3-13(a)中,因 $a''b'' \parallel c''d''$,即 $AB \parallel CD$;在图 3-13(b)中,因 $a''b''$ 与 $c''d''$ 不平行,因此,AB 和 CD 并不平行。

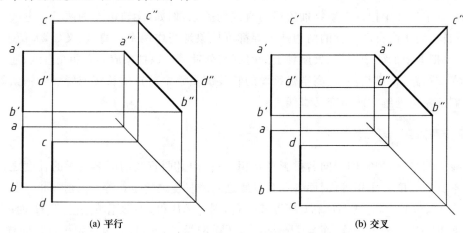

图 3-13　两 W 面平行线的两种相对位置

另外,在图 3-13(a)中,$ab : cd = a'b' : c'd'$,而且指向相同;在图 3-13(b)中,即使 $ab \parallel cd$,$a'b' \parallel c'd'$,$ab : cd = a'b' : c'd'$,但指向不同,也可确定 AB 和 CD 不平行。

例 3-6　如图 3-14 所示,已知一点 A 的投影 a,a',作长度为 25mm 的直线 AB 平行直线 CD。

解　作直线 AB,即为作直线 AB 的投影图。

过点 $A(a,a')$,作任意长度的直线 $L(l,l')$ 平行 $CD(cd,c'd')$,在 L 上取任意一点 $E(e,e')$,求出 AE 的长度 aE_0,在上量取 $aB_0 = 25$mm,得 B_0 点,过此点作 l 的垂线,得垂足 b 点,再作连系线,与 l' 交得 b',则 ab 和 $a'b'$ 即为所求直线 AB 的投影。

3.4.2　相交两直线

相交两直线,它们的同名投影相交,交点为共有点(这是属于共有性问题),符合点的投影规律,所以投影的交点位于同一条连系线上。

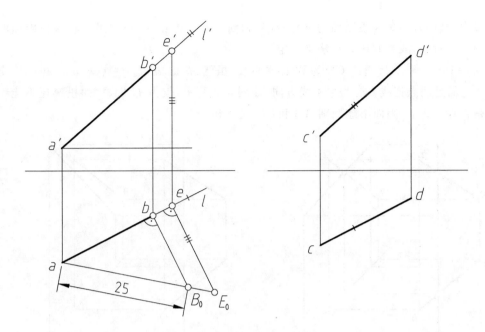

图 3-14　过 A 点作直线 $AB /\!/ CD$

如图 3-15(a)所示,两直线 AB 和 CD 相交于 K 点。因为 K 在 AB 上,也在 CD 上,所以,k 在 ab 上,又在 cd 上,k 即为 ab 和 cd 的交点。同样,k' 为 $a'b'$ 和 $c'd'$ 的交点,k'' 为 $a''b''$ 和 $c''d''$ 的交点。又因为 k,k' 和 k'' 为点 K 的投影,所以每两个投影在同一条连系线上。图 3-15(b)为投影图,kk' 为一条连系线。

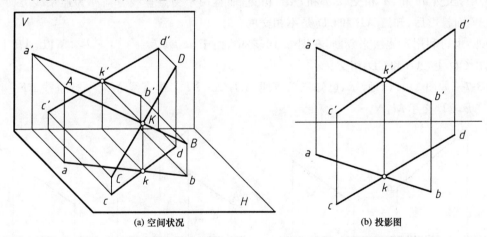

| (a) 空间状况 | (b) 投影图 |

图 3-15　相交两直线

反之,如果两直线的同名投影相交,且这些投影的交点位于同一条连系线上,则两直线在空间相交。

如图 3-15(b)所示,因 k 和 k' 在一条连系线上,所以能定出空间 K 点;又因为 k 和 k' 分别在 ab 和 $a'b'$ 上,所以 K 在 AB 上;又因为 k 和 k' 分别在 cd 和 $c'd'$ 上,即 K 也在 CD 上,因而 K 是 AB 和 CD 的交点,AB 和 CD 相交。

两条一般位置直线,只要任意两组同名投影符合上述条件,就可以肯定两直线相交。如果两直线中,其中有一条为投影面的平行线,要判别它们是否相交,还应画出在该投影面的同名投影才能肯定,或者利用定比法来判定。

如图 3-16(a)所示,因直线 CD 为 W 面平行线,虽然 ab 和 cd 交于一点 k,$a'b'$ 和 $c'd'$ 交于一点 k',而且两点连线 kk' 为连系线方向,如图 3-8 所示,仅由 H 面、V 面投影还不能判断交点是否在 CD 上,因而不能判别 AB 和 CD 是否相交。

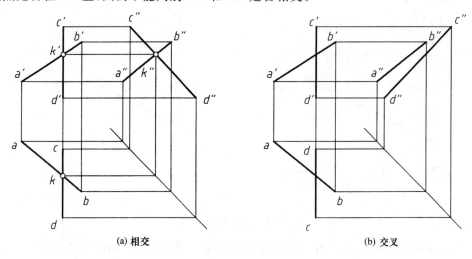

(a) 相交   (b) 交叉

图 3-16　有一条 W 面平行线时两直线的相对位置

如图 3-16(a)所示,作出了 W 面 $a''b''$ 和 $c''d''$ 后,可知 AB 和 CD 是相交的。而在图 3-16(b)中,虽然 ab 和 cd 相交,$a'b'$ 和 $c'd'$ 相交,而且两个交点连线方向亦为连系线方向,但作出 W 面投影后,知道 AB 和 CD 是不相交的。

另外,也可利用定比法来判断,在图 3-16(a)中,由于 $ck:kd = c'k':k'd'$,所以,AB 上 K 点也在 CD 上,AB 和 CD 相交。

例 3-7　如图 3-17(a)所示,已知三条直线 AB,CD,EF。作直线 MN 平行直线 EF,并与直线 AB,CD 交于 M,N。

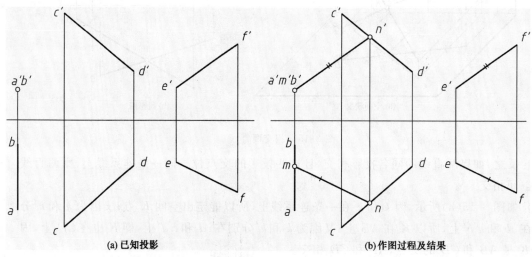

(a) 已知投影   (b)作图过程及结果

图 3-17　作直线 $MN \parallel EF$ 且与 AB,CD 相交

解 作直线 MN，即投影图上投影 mn 和 $m'n'$。因 $MN \mathbin{/\!/} EF$，所以 $mn \mathbin{/\!/} ef$，$m'n' \mathbin{/\!/} e'f'$。直线 $a'b'$ 在图中积聚成一点，即直线 $AB \perp V$ 面，MN 和 A 的交点 M 的 V 面投影 m' 也应该积聚在 $a'b'$ 点。在图 3-17(b) 中，可由 $a'b'$ 作 $m'n' \mathbin{/\!/} e'f'$，与 $c'd'$ 交于点 n'；再作连系线，与 cd 交于点 n。由 n 作 $mn \mathbin{/\!/} ef$，与 ab 交于点 m。则 mn 和 $m'n'$ 即为所求直线 MN 的投影。

3.4.3 交叉两直线

两直线既不平行，又不相交时，称为交叉直线或异面直线。因而，它们的所有投影既不符合平行的条件，也不符合相交的条件。即两直线交叉时，它们的各组同名投影不会都平行；同名投影若相交（实际上是重影），两个投影不会在一条连系线上，因而它们不是空间一点的投影。

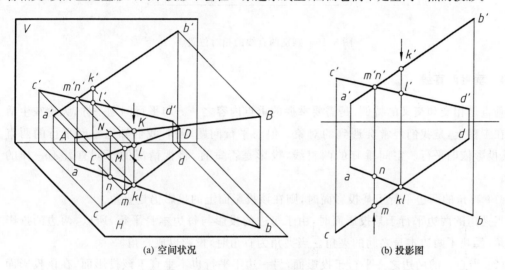

(a) 空间状况　　　　(b) 投影图

图 3-18　交叉两直线

图 3-13(b) 和图 3-16(b) 都是两条交叉直线的投影图例。

图 3-18 中有两条交叉直线 AB 和 CD，H 面投影 ab 和 cd 的交点 k 和 l，实际上是位于垂直 H 面的同一条投射线上的重影点，即直线 AB 上点 K 和直线 CD 上点 L 的重影点。同样，V 面投影 $a'b'$ 和 $c'd'$ 的交点 m 和 n 为 CD 上 M 点和 AB 上 N 点在 V 面的重影点。

利用重影点可见性的判别方法（即坐标大的可见，坐标小的不可见），可确定投影中的遮挡情况。

例 3-8 已知两直线 AB 和 CD 的投影（图 3-19），检定 AB 和 CD 的相对位置。如为交叉，判别可见性。

解 根据 H 面和 W 面投影的交点 kl 和 $m''n''$ 不位于同一组连系线上，可知 AB 和 CD 为交叉直线。

由对应于 k、l 和 m''、n'' 的投影 k''、l'' 和 k'、l' 以及 m、n 和 m'、n'，可判别 k、l 和 m''、n'' 的可见性。同时可得出 V 面投影的交点，是 AB 上 K 点和 CD 上 N 点的 V 面投影 k'、n'，可由 k、n 或 k''、n'' 判别其可见性。

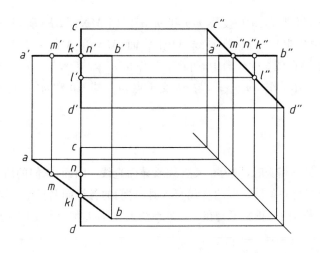

图 3-19 判别两直线的相对位置

3.4.4 垂直两直线

垂直是相交和交叉的特例,是需要掌握的重点内容之一。与平行问题一样,无论在生活中或在工程上,是我们经常会遇到的对象。但与平行问题不同,我们知道空间平行的两直线,其投影依旧平行。空间垂直的两直线,投影是否垂直,将视情况的不同有着不一样的结果。

(1) 直角的两边平行于某投影面时,则在该投影面上的投影仍是直角。

当夹角的两边平行于某投影面时,由于每边的投影与每边本身平行,所以,两边的投影间夹角,反映了两边本身之间的夹角。当夹角为直角时,投影也成直角。

(2) 当直角的两边之一平行于投影面,另一边不平行也不垂直于该投影面,在该投影面上的投影也呈直角。

当直角仅一边平行于投影面时,如图 3-20(a)所示,两直线 AB 和 BC 相交,设 $AB \perp BC$,且 AB 平行 H 面,BC 为一般位置直线。因 Bb 垂直 H 面,所以,$AB \perp Bb$,于是 AB 垂

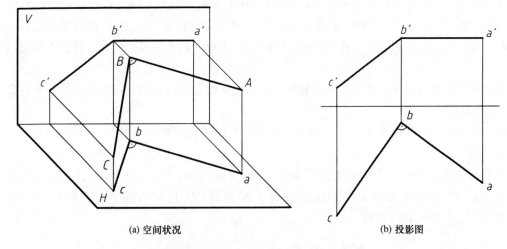

(a) 空间状况　　　　　　　　　　　(b) 投影图

图 3-20　一边平行于投影面的直角的投影

直于投射平面 $BbcC$；又因为 AB 平行 H 面，即 $ab /\!/ AB$，所以，ab 也垂直投射平面 $BbcC$、当然也垂直投射平面 $BbcC$ 上的直线 bc，也就是 $ab \perp bc$。此时直角的投影还是直角。图 3-20(b)是投影图。

（3）反之，相交两直线之一是某投影面平行线，而且两直线在该投影面上的同名投影互相垂直，则在空间两直线互相垂直。

如图 3-21(a)所示，设定直线 AB 与 DE 交叉垂直，且 AB 为 H 面平行线，DE 为一般位置直线。现过 AB 上任一点 B，作直线 $BC /\!/ DE$，则 $AB \perp BC$，且 $ab \perp bc$。因 $BC /\!/ DE$，则 $bc /\!/ de$，所以 $ab \perp de$。图 3-21(b)为投影图。

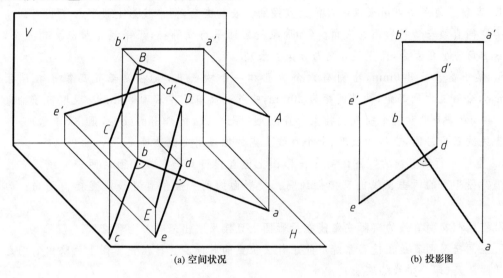

(a) 空间状况　　　　　　　　(b) 投影图

图 3-21　一直线平行投影面的交叉垂直两直线的投影

例 3-9　如图 3-22 所示，求 A 点到 V 面平行线 CD 的真实距离。

解　可过 A 点作直线 CD 的垂线，设垂足为 B，则 AB 的长度即为所求距离。

因为 CD 平行 V 面，所以 AB 和 CD 的 V 面投影垂直。作图时，可由 a' 作 $a'b' \perp c'd'$，垂足为 b'；由此求出 b，可得 ab。再利用直角三角形法，作出反映线段 AB 的真实长度的线段 aB_0，其长度即为 A 点到 CD 的真实距离。

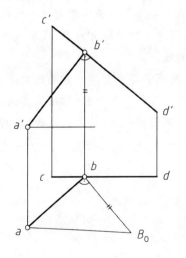

图 3-22　求 A 点到直线 CD 的距离

复习思考题

1. 在什么情况下,可以只考虑物体的长度而忽略其他具体形状? 例如,在研究火车轨道的间距时可以忽略铁轨断面的具体形状,把它当作两条平行直线;而在讲述某一铁路线(如京广线)时,只考虑其总里程(公里数),把整个铁路路基、枕木、铁轨等统统抽象为一直线。试举若干类似例子。

2. 列表说明特殊位置直线(平行线和垂直线)的(V面、H面、W面)投影规律。

3. 为什么一般位置直线的投影总是小于实长?

4. 直角三角形法可用来求一般位置直线的实长和夹角,同名投影上投影与实长间的角度即为空间直线与该投影面的夹角。(如同象投影面平行线那样,正平线 α 角与 γ 角互余,水平线 β 角与 γ 角互余,侧平线 α 角与 β 角互余)?

5. 某根笛子长 340mm,上面有六个音孔和一个吹气孔,最右侧音孔离笛子右端面 50mm,六个音孔之间等距,两孔间距为 20mm,吹气孔离笛子左端面 80mm。现把笛子抽象成一直线,六个音孔和一个吹气孔抽象为直线上的七个点,按给出的数据,画出(任意)一般位置直线的三投影图,直线的长度、七个直线上点的位置用定比法确定。

6. 空间平行两直线的实际距离在投影图上能直接得到吗? 投影面的两平行线能直接得到吗? 投影面的两垂直线能直接得到吗? 投影面的两一般位置直线能直接得到吗? 为什么?

7. 空间相交两直线的实际夹角能在投影图上直接反映出来吗? 为什么?

8. 空间交叉两直线在投影系统中处于什么位置的时候能直接从投影图上反映出它们之间的实际距离(即公垂线的实长)?

9. 空间垂直相交(或交叉)两直线之一为投影面的平行线时,在同名投影上依旧反映直角。如果两直线之一为投影面的垂直线时,情况将如何?

10. 以某一建筑物为对象,观察其可见结构轮廓线,列举若干两平行线、两相交线、两交叉线的例子。

11. 观察并思索生活中常见的对象:自行车轮辐的钢丝(抽象成直线),它们之间相对处于什么位置? 雨伞的伞骨(抽象成直线)在打开和收拢时,它们之间相对处于什么位置? 斜拉桥或悬索桥的钢索(抽象成直线)之间相对处于什么位置? 等等。

4 平 面

4.1 平面的表达

在我们生活中有关平面的例子可以说是不胜枚举,在家里可看见有桌面、床面、墙面、地面等;在室外可看见有路面、屋面、门面、商店橱窗玻璃外墙面等。大自然中,真正自然形成的平面通常只有一个——水平面,其他只能是近似于平面,如海滩、平原、瀑布、陡峭的悬崖等。以至于长期以来人们经常把平面和水平面混为一谈,在建筑施工图中,把 H 面投影的图样叫平面图(不叫水平面图),把 V 面投影的图样叫立面图(不叫正平面图)。当忽略一个物体的体积只考虑其内外表面积时,就可以把它当作平面问题来处理。

平面的几何表达方法:形状和大小任意的平面,它的空间位置,可由下列任何一组几何元素来确定:

(1)不在一直线上的三点。

(2)一直线和线外一点。

(3)相交两直线。

(4)平行两直线。

所以,平面的投影图也就由它们的投影图表示,如图4-1所示。

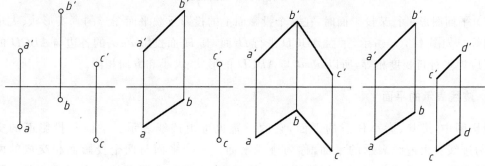

图 4-1 点、直线构成的平面

形状确定的平面图形,由平面图形的边线表示。平面图形的投影由其边线的投影表示。图 4-2 为空间一个多边形平面的投影,其边线的投影由 12345 和 $1'2'3'4'5'$ 表示。显然,图4-1中各种表示法和图4-2可以互相转化。

当我们处理一个物体把它抽象成平面问题的时候,接下来的任务就是研究平面的形状和大小了。

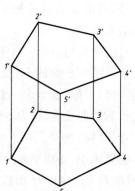

4.1.1 平面的投影性质

(1)一般情况下,平面图形的投影仍是一个类似的图形,但 图 4-2 平面图形表示的平面形状、大小均可变化。如图 4-3(a)所示，四边形 $ABCD$ 在 H 面上的投影 $abcd$ 仍是四边形，但由于边线如 AB、BC 的投影的方向、长度等可能有变化，因而一个矩形的投影可能是一个平行四边形。

（2）平面垂直于某投影面时，在该面上的投影积聚成一直线。如图 4-3(b)所示，平面 P 垂直于 H 面，则 H 面投影为一直线，平面 P 上任何图形的 H 面投影均积聚在此直线上，该投影称为平面的积聚投影。

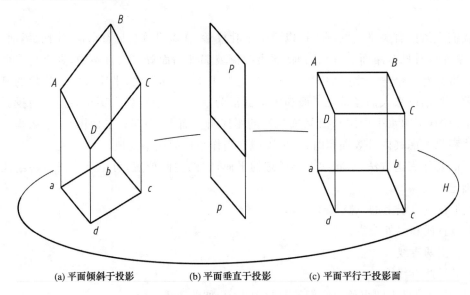

| (a) 平面倾斜于投影 | (b) 平面垂直于投影 | (c) 平面平行于投影面 |

图 4-3　各种位置平面的投影

（3）平面图形平行某投影面时，在这个投影面上的投影反映平面图形的真实形状、大小和方向等。如图 4-3(c)所示，平面 $ABCD$ 平行 H 面，其 H 面投影 $abcd$ 的各边与 $ABCD$ 的各边对应地平行且长度相等，所以 $abcd$ 与 $ABCD$ 的形状、大小和方向相同。

4.1.2　迹线表示的平面

投影图中，形状、大小任意的平面，它的位置也可由迹线表示。平面与投影面的交线，称为迹线。由迹线表示的平面，称为迹线平面。一个平面与两个投影面相交成的两条迹线，可能相交或互相平行。用迹线表示的平面，相当于由两条相交直线或两条平行直线表示平面。

迹线平面用一个大写字母表示(图 4-4)，平面 P 与 H 面、V 面和 W 面的交线 P_H、P_V 和 P_W，分别称为 P 面的 H 面、V 面和 W 面迹线，用相同的大写字母，在右下角加注所属投影面的字母(下标)表示。一个平面如 P 的每两条迹线，相交于投影轴上点 P_X，P_Y，P_Z，也是 P 面与投影轴的交点，称为迹线集合点，也用表示平面的大写字母，在右下角加注所属投影轴的字母(下标)表示。

投影图中，迹线平面由其迹线表示，迹线仍用原来字母表示。如图 4-4 所示，例如，迹线 P_H 因在 H 面上，其 H 面投影与本身重合，其 V 面投影在 X 轴上，W 面投影在 Y 轴上。习惯上，上述后两个投影是不画的。同样，迹线集合点也是如此，如投影图 4-4(b)所示。

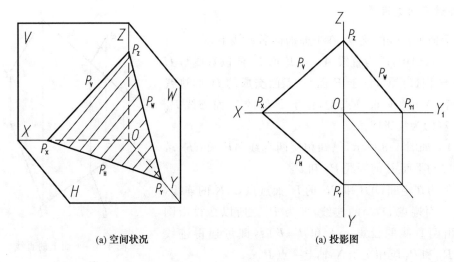

(a) 空间状况　　　　　　　　　(a) 投影图

图 4-4　迹线表示平面

4.2　平面上的点和直线

平面可以由点和直线组成,但平面上的点和直线有时并不能直接从投影图的观察中得以确定,犹如在远处看见玻璃窗上有黑点,却不能肯定该黑点是在玻璃窗上还是在玻璃窗的前面或后面。我们认定这样一个规律,即点在面上,点一定在面的一条直线上;线在面上,线一定过面上的两个点(或过面上的一个点并且平行面内的一条线)。

4.2.1　平面上的点

一点位于平面内一直线上,则该点位于平面上。如图 4-5 中,因 $D(d,d')$ 点位于由直线 AB 和 BC 组成平面的一边 $BC(bc,b'c')$ 上,所以 D 点位于该平面上。同样,由于 AE 是平面上的直线,所以 E 点也是平面内的点。

4.2.2　平面上的直线

一条直线上有两点位于一平面上,则该直线位于该平面上。如图 4-5 所示,直线 AD 有 A 和 D 位于 $\triangle ABC$ 平面上,所以 AD 位于 $\triangle ABC$ 平面上。

一条直线有一点位于一平面上,并且平行于该平面上任意一条直线,则该直线也位于该平面上。如图 4-6 所示,直线 DE 上有一点 D 位于该平面上,且 $DE(de,d'e')$ 平行于平面内的一边 $BC(bc,b'c')$,所以 DE 在该平面上。

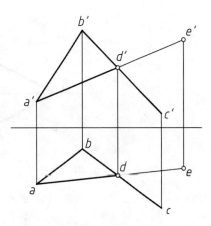

图 4-5　平面上的点

4.2.3 迹线平面上直线

迹线平面上直线的迹点,在平面的同名迹线上。

在图 4-7(a)中,因为直线 AB 在 P 面上,所以直线与 H 面交得的 H 面迹点 C,位于 P 面与 H 面交成的 H 面迹线 P_H 上;同样,AB 的 V 面迹点 D,位于 P 面的 V 面迹线 P_V 上。图 4-7(b)为投影图。

例 4-1 如图 4-8 所示,已知相交两直线 AB 和 EF,求它们所决定的平面 P 的迹线 P_H 和 P_V。

解 因为在空间,AB 和 EF 的 H 面迹点 C,K 的连线,即为 P_H;V 面迹点 D,L 的连线,即为 P_V。所以在投影图 4-8 中求出两直线的投影 c,k 和 d',l' 后,即可连得迹线 P_H,P_V。P_H 和 P_V 应相交于 X 轴上一点 P_X。

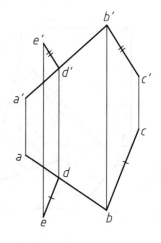

图 4-6 平面上的直线

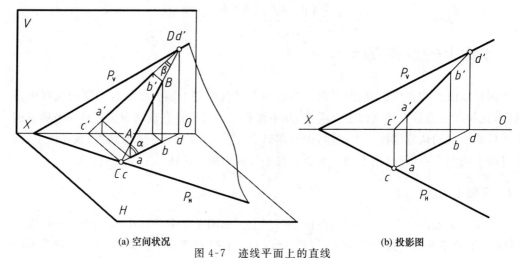

(a) 空间状况   (b) 投影图

图 4-7 迹线平面上的直线

图 4-8 由相交直线作平面迹线

4.3 平面对投影面的相对位置

平面由于对投影面的相对位置不同而分为三种:对各投影面都倾斜的平面,称为一般位置平面;对任一投影面垂直或平行的平面,称为投影面垂直面和投影面平行面,后两种情况又总称为特殊位置平面。在我们周围的环境中,许多物体的表面都可抽象地看成是特殊位置的平面,如居室的地面、户外的路面、河床的水面等都是典型的 H 面平行面;建筑物的门窗、墙面等通常可看作是 V 面的平行面;住宅的坡顶又可当作 W 面的垂直面。在我国特有的园林建筑和寺塔建筑物中,不少壁面还可抽象地看作为一般位置的平面。

4.3.1 一般位置平面

一般位置平面的各投影不会积聚成直线,也不能反映平面的实形和对投影面的倾斜情况,只是与空间的平面形状成类似的图形。

平面对投影面的倾斜情况,由它们之间的夹角来表示。平面与投影面的夹角,称为平面的倾角。平面对 H 面,V 面和 W 面的倾角,也分别用希腊字母 α,β 和 γ 来表示。

平面对某一投影面的倾角,可由该平面上垂直于任意一条同名投影面平行线的一条最大斜度线的倾角来表示。

如图 4-9 所示,平面 P 与 H 面交于迹线 P_H,现设有一个平面 R 垂直 P 和 H,则交线 AB 和 aB 间的夹角就是平面 P 对 H 面的夹角即倾角 α。因为 $R\perp H$,所以交线 aB 是交线 AB 的 H 面投影,P 面的倾角 α 也是 AB 对 H 面的倾角 α。因为 R 垂直 P 和 H,也垂直它们的交线即迹线 P_H,因而交线 $AB\perp P_H$,$aB\perp P_H$。

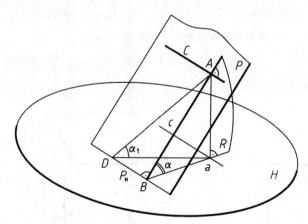

图 4-9 平面的倾角 α 和最大斜度线 AB

设 P 面上另有任一条通过 A 点的直线 AD,H 面投影为 aD,$\angle ADa=\alpha_1$。在直角 $\triangle ABD$ 中,$AD>AB$。在两个直角三角形 ABa 和 ADa 中,有相同的直角边 Aa,因斜边 $AD>AB$,故 $\alpha_1<\alpha$。因而 P 面上垂直于 P_H 的直线 AB 的倾角 α 最大,即斜度最大,所以 AB 称为 P 面上对 H 面的最大斜度线。设 P 面上有任意一条 H 面平行线如 AC,则 $AC\,/\!/\,ac\,/\!/$ P_H,即 $AB\perp AC$ 并 $aB\perp ac$。因而平面对某一投影面的最大斜度线垂直于该平面上的该投

影面平行线,它们在该投影面的投影也互相垂直。从而得出上述结论。

　　求平面对某投影面的倾角,可按以下三个步骤进行:

　　(1)先在平面上任作一条该投影面的平行线;

　　(2)再在该面上,任作一条最大斜度线,即垂直于所作的投影面平行线;

　　(3)此最大斜度线的倾角,即为平面对该投影面的倾角。

　　例 4-2　如图 4-10 所示,已知△ABC 平面的投影,求倾角 α 和 β。

　　解　如图 4-10(a)所示,先在平面上作 H 面平行线 BD,其 b'd' 应为水平;再作一最大斜度线 AD⊥BD,ad⊥bd;最后,求出直线 AD 的倾角,如图中的∠A₀da 为△ABC 平面的倾角 α。实际上,直线 a'd' 不必作出。

　　请读者参见图 4-10(b),完成求解△ABC 平面倾角 β 的过程。

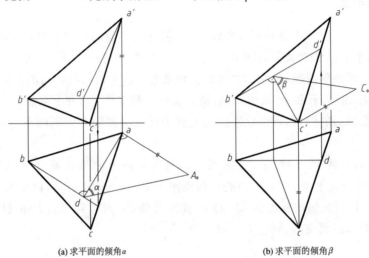

(a) 求平面的倾角 α　　　　　　(b) 求平面的倾角 β

图 4-10　求△ABC 平面的倾角 α 和 β

　　例 4-3　如图 4-11 所示,已知正方形 ABCD 的前下方一边 AB 的投影,平面的倾角 α 为 30°,完成此正方形的投影。

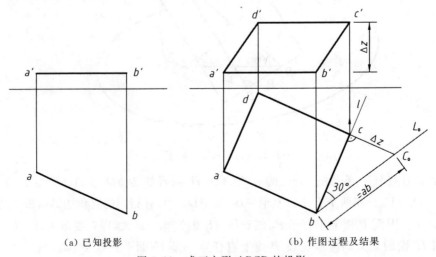

(a) 已知投影　　　　　　　　(b) 作图过程及结果

图 4-11　求正方形 ABCD 的投影

解 因为 $a'b'$ 水平,所以 AB 为一条 H 面的平行线,ab 反映了其实长。于是,正方形的直角的 H 面投影仍为直角;同时,另一组边线 BC、AD 为正方形上对 H 面的最大斜度线,它们的倾角 α 即为平面的倾角。

为此,过一点如 b,向后作 ab 的垂线 l,则 bc 必在其上。再以夹角 $30°$ 作斜线 L_0。因 ab 反映 BC 实长,故在 L_0 上取长度 $bC_0=ab$,得 C_0。由之向 l 引垂线得垂足 c,于是 bc 即为边线 BC 的 H 面投影,就可完成该正方形的 H 面投影为一矩形 $abcd$。再以垂线长度 C_0c 为 B 点、C 点的高度差 ΔZ,于是在 $a'b'$ 向上方量取 ΔZ,就可作出正方形的 V 面投影 $a'b'c'd'$ 平行四边形。

4.3.2 投影面垂直面

垂直于 H 面、V 面和 W 面的平面,分别称为 H 面、V 面和 W 面垂直面。投影面垂直面具有下列投影特性:

(1) 在它所垂直的投影面上的投影成一直线而为积聚投影。

(2) 另外两投影面上的投影为空间图形的类似形。

(3) 积聚投影与水平或竖直方向间夹角,分别反映了平面对另外两个投影面的倾角。

它们的空间状况和投影图,读者可参考图 4-12 所示的 V 面垂直面 Q 平面,自行按同样原理推导出其余投影面垂直面的情况。

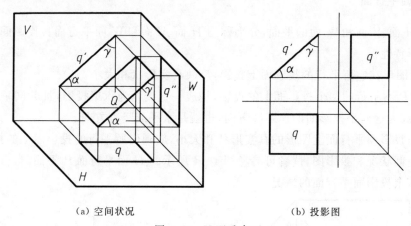

（a）空间状况　　　　　　　　　　　（b）投影图

图 4-12　V 面垂直面

因为 Q 面垂直 V 面,H 面也垂直 V 面,所以 Q 面与 X 轴间的夹角,即投影 q' 与 X 轴的夹角,就是 Q 面对 H 面的倾角 α,此角也可由 q' 与任一水平线之间夹角来表示。同样,q' 与 Z 轴或任一竖直线间夹角,就是 Q 对 W 面的倾角 γ。

例 4-4 如图 4-13(a)所示,已知一个为 H 面垂直面的正方形 $ABCD$ 的一条对角线 AC 的两面投影,求该正方形的两面投影和倾角。

解 因为 $a'c'$ 水平,所以 AC 为 II 面平行线,ac 反映 AC 实长。正方形的两条对角线 AC 和 BD 互相垂直且长度相等,现在 AC 为 H 面平行线,则 BD 是 H 面垂直线。即 $b'd'$ 成竖直方向,为 $a'c'$ 的中垂线,长度 $b'd'=BD=AC=ac$。于是可作得正方形的 V 面投影 $a'b'c'd'$ 为菱形,如图 4-13(b)所示。

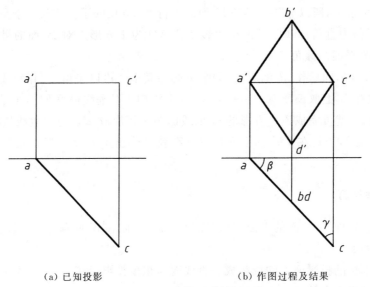

(a) 已知投影   (b) 作图过程及结果

图 4-13　作竖直正方形的投影

因为正方形为 H 面垂直面,所以 H 面投影有积聚性而与 ac 重合,它与水平线和竖直线间的夹角,即表示倾角 β 和 γ。

4.3.3　投影面平行面

平行于 H 面、V 面和 W 面的平面,分别称为 H 面、V 面和 W 面平行面。投影面平行面具有下列投影特性:

(1) 平面图形在它所平行的投影面上投影,反映真实形状和大小。

(2) 在它所不平行的两个投影面上的投影,均成一直线而为积聚投影,且共同垂直于一条投影轴,即成为这两个投影间的连系线方向,也就是水平或竖直方向。

为了显示投影面平行面上图形的真实形状和大小,应画出所平行的投影面上的投影。

它们的空间状况和投影图,读者可参考图 4-14 所示的 H 面平行面 P 平面,自行按同样原理推导出其余投影面平行面的情况。

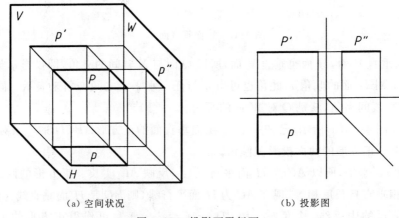

(a) 空间状况   (b) 投影图

图 4-14　投影面平行面

H 面平行面 P 因为平行 H 面,所以,H 面投影 p 反映了平面的真实形状,P 面垂直于 V 面和 W 面,所以,V 面、W 面投影 p'、p'' 均积聚成一直线,而且,由于 P 面平行 H 面,p',p'' 分别平行于 X 轴和 Y 轴,即垂直于 Z 轴,所以,成水平方向。

例 4-5 有一水平的等腰三角形 SMN,其底边 MN 和高 ST 的实长相等。已知它的高 ST 的 H 面投影 st 和顶点 s 的 V 面投影 s',如图 4-15(a)所示,作全三角形的两面投影。

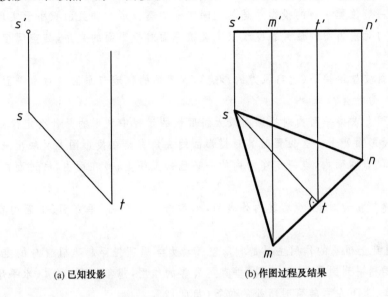

(a) 已知投影   (b) 作图过程及结果

图 4-15　作水平三角形的投影

解 因该三角形水平,即平行 H 面,所以 H 面投影 △smn 反映实形,也为等腰三角形。于是在 H 面投影中,以 st 为大小,以 t 为中点作 st 的垂线 mn,如图 4-15(b)所示,可作出 △smn 平面。

因为 △SMN 平行于 H 面,所以 V 面投影呈水平方向的积聚投影,可过 s' 作水平线得 m',t',n',完成 V 面投影。

复习思考题

1. 什么情况下,可以忽略物体的体积只考虑其表面的形状和大小? 例如,评价建筑物时,往往只说建筑面积、使用面积等,而不会说建筑体积。试举若干例子。

2. 列表说明特殊位置平面(平行面和垂直面)的(V 面、H 面、W 面)投影规律。

3. 为什么一般位置平面的投影总是其空间实形的类似形? 并且面积小于实形的大小?

4. 用平面内对投影面的最大斜度线来定义该平面对投影面的夹角,其空间模型和投影规律是什么?

5. 雨点从斜坡屋顶掉下(忽略风力的影响),其滚落的轨迹与平面内对水平面的最大斜度线是否一致? 为什么?

6. 在投影图上求得平面内对投影面最大斜度线的过程中利用的是什么定律?

7. 平面对投影面处于什么位置时其对投影面的夹角直接在投影图上反映出来?

8. 如何理解"点在面内,点一定在面内的一条已知直线上;线在面内,线过面内的两个已知点"这一规律?

9. 以某一建筑物为对象,观察其内外表面,列举若干平行面、垂直面、平面内直线、平面内点的例子。

10. 飞机机身上机翼的作用主要是利用空气动力学原理托浮起飞机自身的重量。但在起降或转弯时要利用到副翼、水平尾翼、垂直尾翼等的作用,想象一下,副翼、水平尾翼、垂直尾翼在飞机起降、上下左右转弯时所处的位置(角度)?

5 直线与平面、平面与平面

5.1 平行

在我们周围的环境中,线面平行、面面平行的现象比比皆是,家里南北墙、东西墙是两个平行面,地板与天花板是两个平行面,窗台(抽象成一直线)与地板是线面平行的一个例子。马路上电线杆子与建筑物的外墙面也是一个线面平行的例子。在农村山区,农民开垦的梯田,也是面面平行的绝好例子。

5.1.1 直线与平面平行

一直线与平面上任意一直线平行,则直线与平面互相平行。如图 5-1 所示,由投影表示,$ab /\!/ cf,a'b' /\!/ c'f'$,即 $AB /\!/ CF$。又因为 cf 位于 $\triangle cde$ 上,$c'f'$ 位于 $\triangle c'd'e'$ 上,所以 CF 位于 $\triangle CDE$ 上,因而直线 AB 与 $\triangle CDE$ 平面上直线 CF 平行,即 AB 与 $\triangle CDE$ 互相平行。

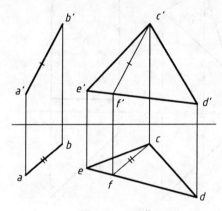

图 5-1　$AB /\!/ CDE$

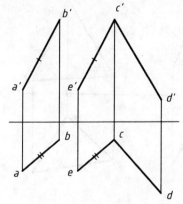

图 5-2　过 CD 作平面平行 AB

例 5-1　如图 5-2 所示,已知直线 AB 与 CD。过直线 CD 作一平面,平行直线 AB。

解　可过 CD 上任一点如 C,作任意长度的直线 CE 平行 AB,即作 $ce /\!/ ab,c'e' /\!/ a'b'$,则由 CD 和 CE 所确定的平面即为所求。

特殊情况下,当平面为特殊位置时,则直线与平面的平行关系,可直接在平面有积聚性的投影中反映出来。如图 5-3 所示,设空间有一直线 AB 平行 H 面的垂直面 P,由于过 AB 垂直于 H 面的投射平面与 P 面平行,所以,它们与 H 面的交线(即在 H 面的投影)ab 和 p 面相平行,即 $ab /\!/ p$。

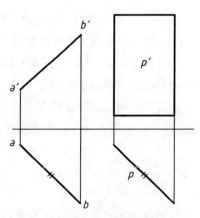

图 5-3　AB 平行投影面垂直面 P

反之亦然,因为 $ab/\!/p$ 面,过 ab 的 H 面投射平面与 H 面垂直面 P 互相平行,所以其上的 $AB/\!/P$ 面。

5.1.2 平面与平面平行

一平面上的一对相交直线,分别与另一平面上的一对相交直线平行,则这两个平面互相平行。如图 5-4 由投影表示出来,$\triangle ABC$ 平面上有一对相交直线 AG 和 AH,分别平行于 $\triangle DEF$ 平面上一对相交直线 DE 和 DF,所以这两个三角形互相平行。

例 5-2 如图 5-5 所示,已知 A 点和 $\triangle DEF$ 平面,过 A 点作一平面,平行 $\triangle DEF$ 平面。

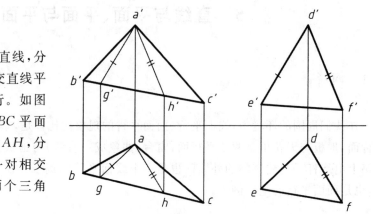

图 5-4 $ABC/\!/DEF$

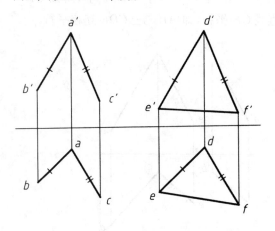

图 5-5 过 A 作平面平行 $\triangle DEF$

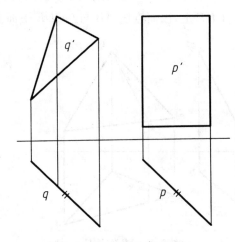

图 5-6 两 H 面垂直面平行

解 可过 A 点作任意长度的两直线 AB 和 AC,分别平行 $\triangle DEF$ 平面上一对边线如 DE 和 DF,则 AB 和 AC 所确定的平面即为所求。

在特殊情况下,当两平面都是同一投影面的垂直面时,则两平面的平行关系,可直接在两平面平行的积聚投影中反映出来。

如图 5-6 所示,设 H 面的垂直面 P、Q 互相平行,它们与 H 面交得的积聚投影 $p/\!/q$。反之,因为积聚投影 $p/\!/q$,所以所作的 H 面的垂直面 P、Q 互相平行。

5.2 垂直

与平行现象一样,垂直现象也是到处可见。建筑物中的柱子总是和水平面垂直;马路上的电线杆子总是和路面垂直;墙面总是和地面垂直,等等。

5.2.1 直线与平面垂直

一直线与平面垂直时,则直线垂直平面上的任何直线。反之,一直线与平面上的一对相交直线垂直时,直线与平面就互相垂直。直线与平面的垂直问题,实际上可以归结为直线与直线的垂直问题。两直线垂直,当其中有一条为投影面的平行线,两直线在该投影面上的投影仍互相垂直。

由于直线垂直于平面,直线必定垂直于平面上所有的投影面平行线,因此,在两投影面体系中,直线垂直于平面,直线的 H 面投影,垂直于平面上任意一条 H 面平行线的 H 面投影;直线的 V 面投影,垂直于平面上任意一条 V 面平行线的 V 面投影。反之,一直线的 H 面投影,垂直于平面上一条 H 面平行线的 H 面投影,并且该直线的 V 面投影,垂直于平面上一条 V 面平行线的 V 面投影,则在空间该直线垂直于平面。三面投影中,在 W 面投影中有相同的情况。

如图 5-7 所示,如果直线 MN 与平面 Ⅰ Ⅱ Ⅲ Ⅳ 垂直,则 MN 的 H 面投影 mn 垂直于平面上 H 面平行线如 AB 的 H 面投影 ab;MN 的 V 面投影 $m'n'$ 垂直于平面上 V 面平行线如 AC 的 V 面投影 $a'c'$。反之,如果直线 MN 的 H 面投影 mn 及 V 面投影 $m'n'$,分别垂直于该平面上 H 面、V 面平行线 AB、AC 的投影 ab,$a'c'$,则 MN 垂直 Ⅰ Ⅱ Ⅲ Ⅳ 平面。

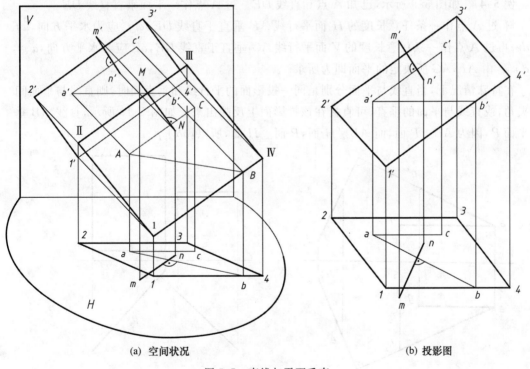

(a) 空间状况　　　　　　　　　　　(b) 投影图

图 5-7　直线与平面垂直

例 5-3　如图 5-8 所示,已知 △ABC 平面和 D 点。过 D 点作一条任意长度的直线 DE 垂直 △ABC 平面。

解　先在 △ABC 平面上作一条 H 面平行线 AF,$a'f'$ 为水平方向,过 d 作 $de \perp af$;再在 △ABC 上作一条 V 面平行线 AG,ag 为水平方向,再过 d' 作 $d'e' \perp a'g'$。则 de 和 $d'e'$ 即为

所求垂线 DE 的投影。

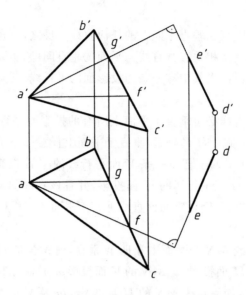

图 5-8　过 D 点作直线 $DE \perp \triangle ABC$

例 5-4　如图 5-9 所示,已知 A 点和直线 DE。过 A 点作一平面垂直直线 DE。

解　过 A 点作一条任意长度的 H 面平行线 AF 垂直于直线 DE,$a'f'$ 应为水平方向,$af \perp de$;再过 A 点作一条任意长度的 V 面平行线 AG 垂直于直线 DE,ag 应为水平方向,$a'g' \perp d'e'$。由 AF,AG 所决定的平面即为所求。

在特殊情况下,当直线与平面分别是同一投影面的平行线和垂直面时,则直线与平面间的夹角,或直线与平面的垂直,可直接在该投影面上反映出来。如图 5-10 所示,直线 AB 垂直平面 P,因为 $AB \perp P$ 面,而 $AB /\!/ H$ 面,P 面 $\perp H$ 面,所以,$ab \perp p$。

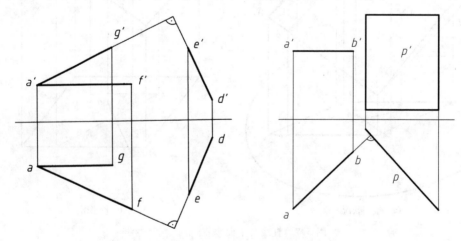

图 5-9　过 A 作平面 $\perp DE$　　　　图 5-10　H 面平行线垂直 H 面垂直面

5.2.2 平面与平面垂直

如果一平面上有一直线与另一平面垂直,则两个平面互相垂直。因为已知线面垂直时,包含直线所作任何平面都与已知平面垂直。如图 5-11 所示,由投影可以知道,△DJK 平面上有一直线 DE 垂直△ABC 平面,所以,两个三角形平面互相垂直。

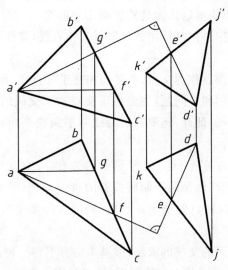

图 5-11 △ABC 平面⊥△DJK 平面

例 5-5 如图 5-12 所示,已知△ABC 平面和直线 DJ。过直线 DJ 作一平面,垂直于△ABC 平面。

解 过直线 DJ 上任一点如 D,作任意长度的直线 DE 垂直△ABC 平面,则直线 DJ 和 DE 所决定的平面即为所求。

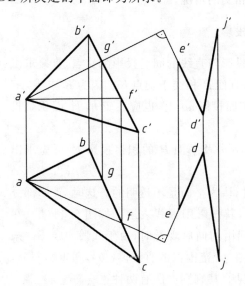

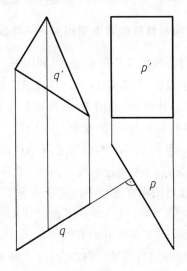

图 5-12 过 DJ 作平面⊥△ABC 平面   图 5-13 两 H 面垂直面互相垂直

在特殊情况下,当两平面都是同一投影面的垂直面时,则两平面间的夹角或两平面互相垂直,都可直接在两平面的积聚投影中反映出来。如图 5-13 所示,平面 $P \perp Q$,因为 $P \perp H$, $Q \perp H$,所以 P,Q 的积聚投影 p,q 间的夹角,反映了 P,Q 间的夹角以及垂直时的直角。

5.3 相交

我们看到的建筑物外轮廓线可以认为是外墙面之间的交线,旗杆与地面的固定部位可以抽象为线面的交点。当然,如果把打针用的注射器当作直线,皮肤当作平面,那么,留下的针眼就是线面的交点。

直线与平面相交于一点,该点称为交点;两平面相交于一直线,该直线称为交线。

直线与平面,平面与平面的相交问题,主要是求交点和求交线的问题。即已知直线、平面的投影,求交点和交线的投影;此外,还要判别直线与平面或平面与平面的重影部分的可见性。

直线与平面的交点,是既在直线上,又在平面上的公有点,交点是位于平面上且通过该交点的直线上。平面与平面的交线是两平面所公有的直线,一般可求出交线上两点来连得交线;如能先定出交线的方向,则只要求出一点后,利用方向来定出交线的位置,可以简化作图。

直线和平面的交点,两平面的交线的求法,最基本的有下列三种:

(1) 积聚投影法。当直线或平面有积聚投影时,可利用积聚投影来求交点或交线。

(2) 辅助平面法。当直线或平面无积聚投影时,则利用辅助平面来求交点或交线。

(3) 辅助直线法。利用交点位于平面内一直线上作图,此线称为辅助线。

但是这三种方法也不是截然分开的,如作辅助平面时,就要尽量作具有积聚投影的辅助平面等。

下面根据直线、平面有否积聚投影来叙述六种相交的情况。

5.3.1 直线与特殊位置平面相交——平面有积聚投影

直线与特殊位置平面相交,可利用平面的积聚投影与直线的同名投影的交点,直接求出交点的其余投影(图 5-14(a))。直线 AB 与 H 面垂直面 P 相交于交点 K。因为 K 点为 AB 和 P 面共有,所以,K 点的 H 面投影 k 在 AB 的 H 面投影 ab 上,也应在 P 的 H 面积聚投影 p 上,即 k 是 p 与 ab 的交点。

在投影图 5-14(b)中,已知直线 AB 的投影 ab,$a'b'$ 及平面 P 的积聚投影 p,可先求出 ab 与 p 的交点 k,再作连系线,与 $a'b'$ 交得 k'。

判别投影图中直线与平面重影部分的可见性时,认为平面是不透明的。这时,重影部分的直线以交点为界,当一段被平面遮住而不可见时,其投影用虚线表示。如图 5-14(b),在 V 面投影中,p' 范围以外的直线段 $a'c'$,$b'd'$,当空间由前向后观看时,由于线段 AC,BD 未被 P 面遮住而均为可见,所以 $a'c'$,$b'd'$ 画成实线。在 p' 范围内的直线段 $c'd'$,即重影部分,其对应的线段 CD,以 K 为界,一段可见,一段不可见。其判别方法有两种:

(1) 直接观察法。因为 P 面的 H 面投影有积聚性,由 H 面投影可以看出,ck 位于 p 的前方,即在空间 CK 位于 P 面前方,所以由前向后朝 V 面观看时,CK 是可见的,因此其投影

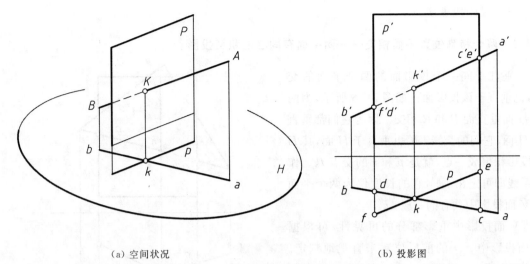

(a) 空间状况	(b) 投影图

图 5-14　直线 AB 与 P 面的交点 K

$c'k'$ 画成实线；kd 位于 p 的后方，即 KD 被 P 面遮住而不可见，$k'd'$ 画成虚线。虚实线的分界点为 k'。

（2）重影点法。可由直线与 P 面边线的重影点的可见性来决定。如图 5-14（b）所示，利用直线 AB 上 C 点和平面右方边线上 E 点的重影点 $c'e'$ 来判别。由于 c 位于 e 的前方，因此，由前向后看时，C 点可见而它所在的线段是可见的，所以 $c'k'$ 画成实线；另一段 $k'd'$ 则画成虚线。也可由直线与平面左方边线的重影点 $f'd'$ 来判别。

如图 5-14（b）所示，H 面投影，因为 P 面积聚成直线，由上向下朝 H 面观看时，AB 直线上除 K 点外，未被 P 面遮住而可见，所以 H 面投影 ab 都用实线表示。

5.3.2　投影面垂直线与一般位置平面相交——直线有积聚投影

投影面垂直线与一般位置平面相交，由于直线的积聚投影也是交点的投影，所以此问题变成平面上一点的一个投影已知而求另外投影的问题。如图 5-15 所示，求作 H 面垂直线 L 与 $\triangle ABC$ 平面的交点 K。

因为直线 L 的 H 面投影 l 积聚成一点，由于交点 K 在 L 上，所以 k 与 l 重合。又因为 K 在 $\triangle ABC$ 平面上，求 K 的 V 面投影 k' 时，可设想在 $\triangle ABC$ 平面上过 K 点作一辅助直线如 AD，即在 $\triangle abc$ 平面内过 k 作辅助线 ad，再求出 $a'd'$，即可与 l' 交得 k'。

V 面投影中直线和平面的重影部分可见性的判别：设利用直线 L 上 E 点和 $\triangle ABC$ 平面的一边如 BC 上 F 点的重影点 $e'f'$。e 位于 f 前方，空间由前向后朝 V 面观看时，E 点可见，即 L 上一段 EK 可见，因此 $e'k'$ 画成实线；k'

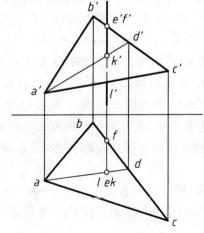

图 5-15　H 面垂直线 L 与 $\triangle ABC$ 平面的交点 K

点下方一段画成虚线。

5.3.3 两个特殊位置平面相交——两平面有同名的积聚投影

垂直于同一个投影面的两个平面的交线,也垂直于该投影面。如图 5-16 所示,为两个 H 面垂直面 P 和 R 相交。因为它们都垂直于 H 面,它们的交线 LK 也垂直于 H 面,其 H 面投影积聚成一点,就是 p 和 r 的交点 lk。作连系线即可定出 $l'k'$,它的长度仅为两个平面的 V 面投影中共有的一段 $l'k'$。

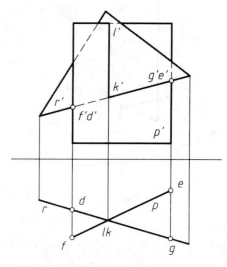

V 面投影中重影部分的可见性,可根据 H 面投影中 p、r 的前后位置来直观地判定。如在 KL 右方,p 位于 r 之后,所以 V 面投影中 p' 的上方水平边线和右竖直边线各有不可见的一段;也可利用两个平面上重影点 $g'e'$ 或 $f'd'$ 来判定,如图 5-16 所示。

图 5-16　H 面垂直面 P 和 R 的交线 KL

5.3.4 一般位置平面和特殊位置平面相交——一平面有积聚投影

一般位置平面与特殊位置平面相交,可以用求一般位置直线与特殊位置平面的交点方法,求出一般位置平面上两条直线与特殊位置平面的两个交点来连得交线;也可利用交线的一投影必定在特殊位置平面的积聚投影上,通过在一般位置平面上直线的方法来求得交线。

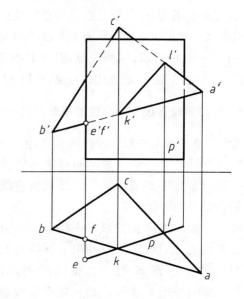

如图 5-17 所示,求作一般位置的 $\triangle ABC$ 平面与 H 面垂直面 P 平面的交线 KL。可分别求得三角形上一般位置的边线 AB,AC 与 H 面垂直面 P 的交点 K、L 的投影 k、l 及 k'、l',再连得交线的投影 kl、$k'l'$。也可以按照 $\triangle ABC$ 平面上一直线 KL 的 H 面投影 kl 与 p 重合而为已知,再求出 $k'l'$ 的方法来作出。以上两种作法的作图线是相同的,仅是设想不同。

图 5-17　H 面垂直面 P 与 $\triangle ABC$ 平面的交线 KL

最后,利用 H 面投影中 $\triangle abc$ 平面与 p 平面的前后位置来判定 V 面投影上重影部分的可见性;也可以利用重影点如 $e'f'$ 来判定,如图 5-17 所示。

5.3.5 直线与一般位置平面相交——直线和平面均无积聚投影

(1)应用辅助平面法求交点。求直线和一般位置平面的交点,可按以下三个步骤:

① 过已知直线作一辅助平面，一般作投影面垂直面；

② 求出辅助平面与已知平面的辅助交线；

③ 辅助交线与已知直线的交点，即为已知直线和平面的交点。

如图 5-18 所示，求一般位置直线 DE 与 $\triangle ABC$ 平面的交点 M。首先，过 DE 作一个 H 面垂直面 P，则 p 重叠于 de，再用图 5-17 方法，求出 P 面与 $\triangle ABC$ 平面的辅助交线 $KL(kl,k'l')$；最后，求出 KL 与直线 DE 的交点 $M(m,m')$。投影图中是先由 kl 求出 $k'l'$，再求它与 $d'e'$ 的交点 m'，从而得 m。

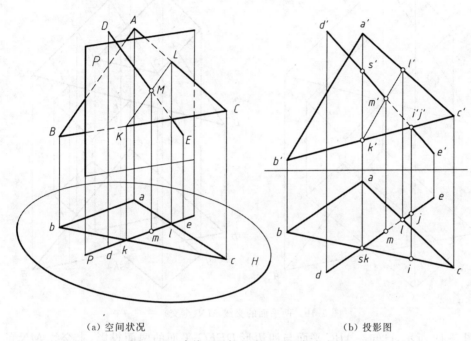

(a) 空间状况　　　　　　　　　　　(b) 投影图

图 5-18　直线 DE 与 $\triangle ABC$ 平面的交点 M

（2）应用辅助直线法求交点。假设 $\triangle ABC$ 平面上有一辅助直线 KL 通过交点 M，设该线的 H 面投影 kl 重叠于直线 DE 的 H 面投影 de 上，k、l 点应当在 ABC 的 H 面投影 $\triangle abc$ 平面的边线上。于是由 k、l 求出 k'、l'，连线 $k'l'$ 与 $d'e'$ 交得 m'，作出 m。

（3）投影图中可见性的判别。可用重影点法。由于两个投影都有重影，所以对每个投影均应分别判定。

H 面投影中，如取 de 与 bc 的交点作为从重影点 s、k，向上作出 s'、k'，因为 s' 高于 k'，所以空间由上向下朝 H 面观看时，S 为可见点，K 为不可见点，因而线段 SM 可见而 sm 画成实线；以交点 M 为分界点的另一段 ML 为不可见，ml 画成虚线。

V 面投影中，如取 $b'c'$ 与 $d'e'$ 的交点 i'、j' 为重影点。向下定出 i、j，因 j 位于后方，所以空间由前向后朝 V 面观看时，J 点为不可见，线段 $m'j'$ 画成虚线，以交点的投影 m' 为分界点的另一段就画成实线。

5.3.6　两个一般位置平面相交——两平面均无积聚投影

（1）应用直线与平面的交点作图。求两个一般位置（并且投影互相重叠）平面的交线，可先求出两个平面上任意两条边线对另一个平面的两个交点来连成。这两条边线可属于两个平面中的某一个平面，也可以分属于两个平面。

解题前，先观察在投影图上没有重影的平面图形边线，它们不可能与另一平面在边线范围内有实际的交点。所以不必求取这种边线对另一平面的交点。如图 5-19 所示，边线 BC，AC，EF，DG。

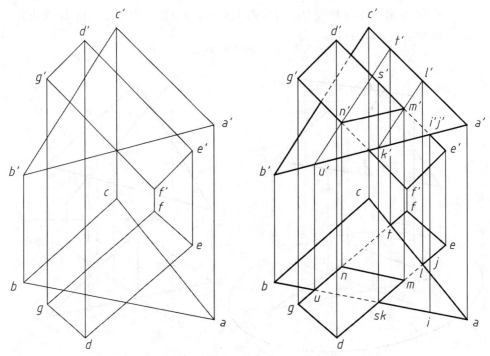

图 5-19　两平面的交线 MN（全交）

如图 5-19 所示，已知△ABC 平面与四边形 $DEFG$ 平面的两面投影，求交线 MN 的投影。可根据图 5-18 所述方法，先求出四边形中两条边线 DE，FG 与△ABC 平面的交点 M，N，再连得交线 MN。

在投影图中，不重影部分的边线，说明在空间没有被遮住而画成实线。至于重影部分的可见性，可按直线与一般位置平面相交的可见性来判别，交线为可见与不可见的分界线。由重影点检别可见性，如图 5-19 所示。

如图 5-20 所示，求△ABC 平面与四边形 $DEFG$ 平面的交线。但投影 $d'e'$ 与△$a'b'c'$ 的交点 m' 已越出投影△$a'b'c'$ 的范围，M 点实际上是 DE 与△ABC 平面扩大后的交点。连线 MN 与 AC 交于 S 点，即实际的交线仅为线段 NS，S 为 AC 与四边形 $DEFG$ 平面的交点。

如图 5-19 所示，两平面的相交称为全交，即一个平面穿过另一个平面；如图 5-20 所示，两个平面的相交则称为半交，即两个平面仅交到一部分。

（2）直接应用辅助平面作图。求两个一般位置（并且投影互不重叠）平面的交线，一般取两个投影面平行面为辅助平面（同样具有积聚性），分别求出它们与两个已知平面的辅助交线，每个辅助平面上两条辅助交线的交点，是所求交线上一点。两个辅助平面共求得两点，它们的连线，即为所求交线。

如图 5-21(a) 所示，两已知平面 P（由△ABC 确定）Q（由□$DEGF$ 确定）。设它们的交

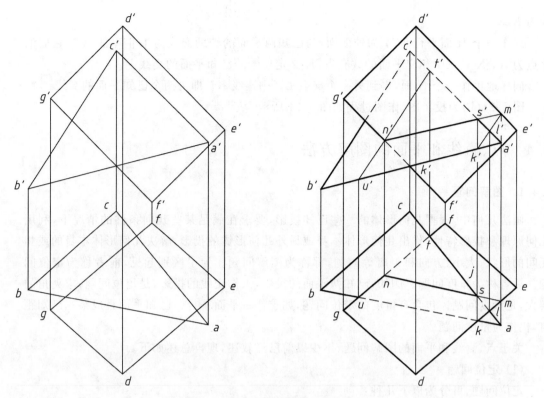

图 5-20 两平面的交线 NS(半交)

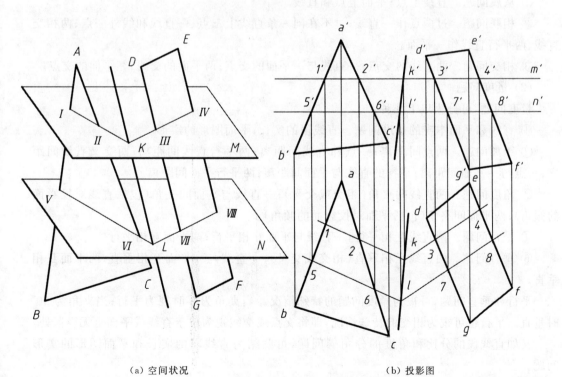

（a）空间状况   （b）投影图

图 5-21 辅助平行面法求两平面的交线

线为 KL。

现作一个 H 面平行面 M 为辅助面，与已知两平面的辅助交线为 Ⅰ Ⅱ 和 Ⅲ Ⅳ。它们的交点为 K，K 是三个相交平面的共有点，K 必定位于两已知平面的交线上。

同样地再作一个 N 面，得到另一个交点 L。则连线 KL 即为两个已知平面的交线。

图 5-21(b)为投影图，作图过程如图 5-21 所示。

5.4　点、直线和平面的图解方法

5.4.1　图解问题

画法几何中，根据几何形体的一些已知投影，要求在满足某些几何条件的情况下，利用几何原理和投影特性，作出几何形体本身或另外几何形体的投影；解决几何形体本身的或相互间的形状、大小、方向和距离等问题，都称为图解问题。为了区别起见，前者称为定位问题。后者称为量度问题。例如，已知两平面的投影，求作交线的投影，是定位问题；求夹角的实大，是量度问题。包含有量度的定位问题，如求作一平面平行一已知平面且成某一已知距离，仍作为量度问题。

关于点、直线和平面的图解问题，不少以前已经叙述，现再总述如下。

（1）定位问题

定位问题，可分为以下几种：

① 从属问题。直线上点；平面上点和直线。

② 相联问题。过两点作一直线；过不在同一条直线上三点、一直线和线外一点、两相交直线、两平行直线作一平面。

③ 相交问题。两直线的交点；一直线与一平面的交点；两平面的交线；三平面的交点。

（2）量度问题

量度问题，可分为以下几种：

① 直线和平面本身的量度问题。直线段的实长；平面图形的实形。

② 距离问题。两点间距离；一点和直线间距离；两平行直线间距离；两交叉直线间距离；一点与一平面间距离；平行的直线与平面间距离；两平行平面间距离。

③ 角度问题。两直线间夹角（相交或交叉）；一直线与平面间夹角（包括直线对投影面的倾角）；两平面间夹角（包括平面对投影面的倾角）。

④ 平行问题。两直线互相平行；一直线与平面互相平行；两平面互相平行。

⑤ 垂直问题。两直线互相垂直（相交或交叉）；一直线与一平面互相垂直；两平面互相垂直。

平行和垂直问题，可视为角度问题的特殊情况。当夹角为零时视为平行；当夹角为 90° 时垂直。平行也可视为相交的特殊情况，即将交点或交线视为位于直线或平面上无穷远处。

又如直线段的分比和角度的分角等问题，可归结为直线段的实长和平面图形的实形问题。

当点、直线和平面本身或相互间对投影面处于特殊位置时，常常能够由投影直接反映量度，或使定位和量度问题简化。除了前面各章节有叙述外，现将主要内容列于表 5-1 中。

当直线和平面处于一般位置时,除了前面章节已有叙述外,下面将有关距离、角度和作图题的解法,分别加以介绍。

表 5-1 直接反映量度或便于定位的特殊情况

直线平行投影面	直线垂直投影面	平面平行投影面	平面垂直投影面
线段实长 两点实距	点与直线的实距 两直线垂直	点与直线的实距 两直线垂直	点与平面的实距 直线垂直平面
两相交直线垂直	两平行直线的实距	平面实形 两相交直线的夹角 两平行直线的实距	直线与平面间的实距 两平行平面实距
两交叉直线的实距 两交叉直线的夹角	两交叉直线的公垂线和实距	直线与平面的夹角	直线与平面的交点 两平面的夹角 两平面的交线

5.4.2 一般位置情况下距离问题解法

（1）两点间距离。即为连接两点的线段的实长。当连线为一般位置时，可用图 3-3 所示的直角三角形法解。

（2）点到直线间距离。过该点作该线的垂面，求出所作垂面与该线的交点，再求出交点与已知点的距离即可。

例 5-6 已知 A 点和 BC 直线，求 A 点与 BC 直线间距离（图 5-22）。

解 过 A 点作一平面垂直于 BC。具体做法是过 A 点作一条长度任意的垂直于 BC 的 H 面平行线 M，使 m' 水平，$m \perp bc$；过 A 点再作一条垂直于 BC 的 V 面平行线 N，使 n 水平，$n' \perp b'c'$。则直线 M 和 N 所决定的平面，垂直于 BC。再求出该平面与 BC 的交点 F。最后，求出连线 AF 的真实长度（$A_0 f$），即为 A 到 BC 的距离。

（3）两平行直线间距离。任一直线上任一点到另一直线间距离。

（4）点到平面间距离。过点作一直线垂直该平面，求出垂足。则已知点到垂足间距离即为该点到平面间距离。

例 5-7 已知 A 点和 $\triangle BCD$ 平面。求 A 点与 $\triangle BCD$ 平面间的距离（图 5-23）。

解 过 A 点作一直线 AK 垂直 $\triangle BCD$ 平面。可利用 $\triangle BCD$ 平面上 H 面平行线 BF 和 V 面平行线 BE 来作出，如图 5-23 所示。并求出垂足 K。再求 AK 的实长（$k A_0$），即为 A 与 $\triangle BCD$ 平面间的距离。

（5）两交叉直线间距离和公垂线。空间示意图如图 5-24（a）所示。设空间有交叉直线 AB 和 CD。过任一直线如 CD 上任一点 C，引任意长度直线 $CE /\!/ AB$，则 CD 和 CE 构成一个平行于 AB 的平面 P。再过 AB 上任一点 A，向 P 引垂线 AK，垂足为 K。则 AK 的长度

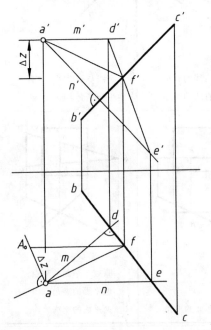

图 5-22　求 A 点与 BC 直线间距离

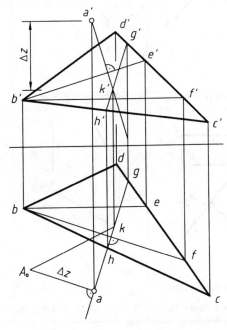

图 5-23　求 A 与 $\triangle ABC$ 平面间的距离

即为 AB 与 CD 间的距离。

再过 K 引直线 $KM /\!/ AB$，必位于 P 面上，与 CD 交于 M 点。再引直线 $MN /\!/ KA$，与 AB 交于 N 点。MN 垂直 AB 和 CD，为它们的公垂线，其实长为 AB 和 CD 间的距离。

投影图如图 5-24(b) 所示。已知两交叉线 AB 和 CD 的投影。现于图 5-24(c) 中过 C 作任意长度直线 $CE /\!/ AB(ce /\!/ ab, c'e' /\!/ a'b')$。设 CD 和 CE 构成一个 $\triangle CDE$ 平面，按图 5-23方法，作出 A 点到 $\triangle CDE$ 平面的距离 kA_0，即为 AB 和 CD 的距离。

如再过 K 点作 $KM /\!/ AB$，与 CD 交于 $M(m、m')$ 点；再由 M 作 AK 的平行线，与 AB 交于 $N(n、n')$ 点，则 $MN(mn、m'n')$ 即为 AB 和 CD 的公垂线。如求出它的实长，也为 AB 和 CD 间距离。

（6）平行的直线和平面间距离。指直线上任一点与平面间距离。

（7）两平行平面间距离。指任一平面上任一点到另一平面间距离。

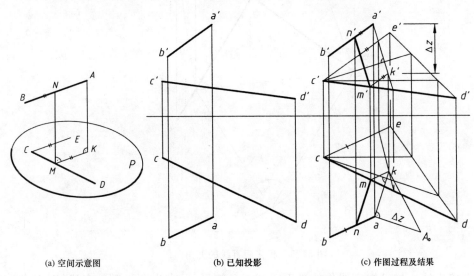

| (a) 空间示意图 | (b) 已知投影 | (c) 作图过程及结果 |

图 5-24　交叉直线间距离和公垂线

5.4.3　一般位置情况下角度问题解法

（1）两直线间夹角

求相交两条一般位置直线间夹角，可任作一直线与该两条边线相交，组成一个三角形。求出该三角形的实形，即可得出夹角的实大。两直线间夹角一般取锐角。

如求交叉的两条一般位置直线间夹角，可过其中任一直线上任一点，作一直线与另一直线平行，就成为求该相交直线间夹角问题。

例 5-8　求相交两直线 AB 和 AC 间夹角 φ 的实际大小，如图 5-25 所示。

解　作一直线 BK 与 AB，AC 相交于 B，K 点。为了方便，可作一条投影面平行线，如 H 面平行线 BK，则 bk 反映其实长。再求出 AB 和 AK 的实长 (hA_{10}, kA_{20})，即可作出反映 $\triangle ABK$ 实形的 $\triangle bA_0k$，则 $\angle bA_0k = \varphi$。

（2）直线与平面间夹角

直线与平面间夹角有两种求法。

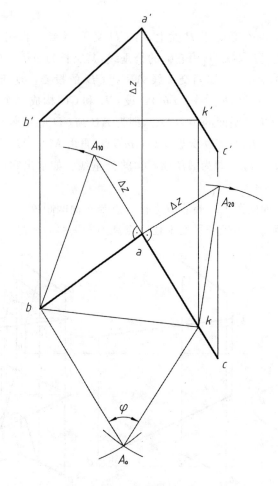

图 5-25　相交两直线的夹角

① 直接求法。过已知直线作一平面垂直于已知平面，求出两平面的交线，则交线与已知直线间的夹角，即为已知直线和平面间的夹角。但此法较繁，通常用间接的方法。

② 求余角的间接方法。空间状况如图 5-26 所示，求直线 AB 与平面 P 的夹角 φ。可过直线 AB 上的点 A，向 P 引垂线 AK，则 AK 与 AB 间夹角为 φ 的余角，即等于 $90° - \varphi$。

例 5-9　求直线 AB 与 $\triangle CDE$ 间夹角 φ 的实大，如图 5-27 所示。

解　设用间接法解，在 $\triangle CDE$ 上作 H 面平行线 CF 和 V 面平行线 CG，由此可得 $AK \perp \triangle CDE$ 平面。再作一条 H 面平行线 BK，与 AB，AK 相交。利用前法，求出表示 $\triangle ABK$ 实形的 $\triangle bA_0k$，则 $\angle bA_0k = 90° - \varphi$，由此可定出余角 φ。

（3）两平面间夹角

两平面间夹角有两种求法。

① 直接方法。作一辅助平面垂直于已知两平

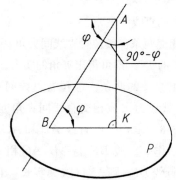

图 5-26　直线 AB 与平面 P 间
夹角的空间示意图

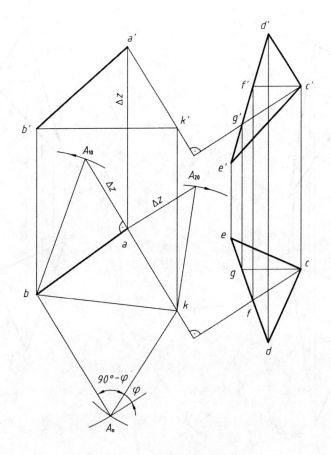

图 5-27　AB 与 $\triangle CDE$ 的夹角 φ

面,交得两条交线,交线间夹角即为两平面间夹角。如图 5-28 所示,求平面 P 和 Q 间夹角 φ,作辅助平面垂直于平面 P 和 Q,交线为 BL 和 KL。它们之间的夹角有两个,互为补角。除成直角外,一个为锐角,一个为钝角。两平面间夹角,以锐角为准。但此法较繁琐,通常用间接的方法。

　　② 求补角的间接方法。空间状况也如图 5-28 所示。可在空间任取一点 A,分别向 P 和 Q 引垂线 AB 和 AK。若它们之间夹角为锐角,即表示两平面间夹角为 φ;如本图中,垂线间夹角 φ_1 为钝角,则其补角 φ 才表示两平面间夹角大小,所以本图中 AB 和 AK 夹角实为 φ_1 的补角,即 $180° - \varphi_1$。

　　例 5-10　求 $\triangle CDE$ 平面与 $\triangle RST$ 平面间夹角 φ 的大小(图 5-29)。

　　解　任取一点 A,分别向两个三角形引垂线 AK、AB,都是利用垂直于两个三角形上投影面平行线作出的。

　　再取一条 H 面平行线 BK,与 AB,AK 相交于 B,K 点,求出表示 $\triangle ABK$ 实形的 $\triangle A_0 bk$,因 $\angle bA_0 k < 90°$,即表示两平面间夹角 φ 的大小。如大于 $90°$,则其补角才为两平面间的夹角。

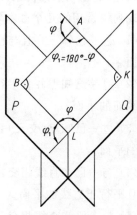

图 5-28　两平面 P、Q 间
夹角的空间示意图

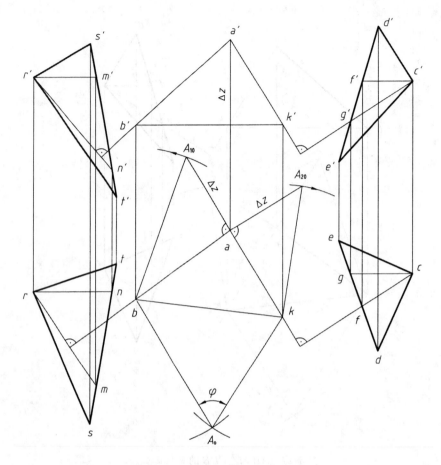

图 5-29 △CDE 与△RST 的夹角 φ

5.4.4　图解问题的轨迹解法

一些图解问题,特别是综合性的图解问题,可以分解成轨迹问题来解。

轨迹,满足某些几何条件的一些点和直线的总和称为轨迹。

现列举常用的几个基本轨迹:

(1) 过一已知点并且与已知一直线相交的直线的轨迹,是一个通过已知点及已知直线的平面。

(2) 过一已知点并且平行于一已知平面的直线的轨迹,是一个通过已知点而且平行于已知平面的平面。

(3) 过一已知点(交叉)垂直于一已知直线的轨迹,是一个通过已知点并且垂直于已知直线的平面。

(4) 与一已知直线相交,并且与一已知直线平行的直线的轨迹,是一个通过所相交的直线而且平行于直线的平面。

(5) 与一已知直线相交,并且垂直于一已知平面的直线的轨迹,是一个通过已知直线而且垂直于已知平面的平面。

作图题的轨迹解法举例。

例 5-11 已知矩形 $ABCD$ 的一边 AB 的 ab 及 $a'b'$，另一边 AD 的 ad，完成此矩形的两面投影（图 5-30）。

解 只要作出 $a'd'$，即可利用矩形对边平行的特性来完成全图。

因为 $AD \perp AB$，所以 AD 位于一个通过 A 点垂直于 AB 的轨迹平面上。如果作出此平面，则 AD 成为该平面上的直线，AD 的一投影 ad 为已知了，接下来事情即为求另一投影 $a'd'$ 的问题。

如图 5-30(b)所示，作垂直于 AB 的平面，一条 H 面平行线 AE，$a'e'$ 水平，$ae \perp ab$；再一条 V 面平行线 AF，af 水平，$a'f' \perp a'b'$，则 AE、AF 所决定的平面垂直 AB。

在该平面上任作一辅助线 $EF(ef,\ e'f')$，利用 ad 与 ef 的交点 g，求出 g'。再由连线 $a'g'$ 与 d 点连系线交得 d'。可作平行四边形状的投影而完成全图。

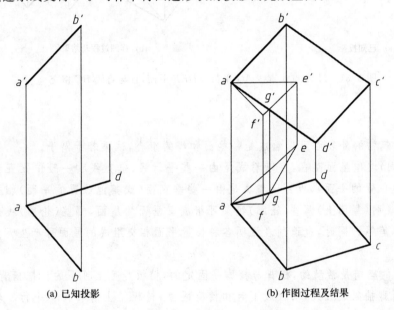

(a) 已知投影　　　　　　　　　　　　(b) 作图过程及结果

图 5-30　完成矩形的投影

例 5-12 过已知点 A 作直线 AG，平行于已知 $\triangle DEF$ 平面，与已知直线 BC 相交于 G 点，如图 5-31 所示。

解 因为 AG 平行于 $\triangle DEF$，位于通过 A 点平行于 $\triangle DEF$ 的轨迹平面上；又因为 AG 通过 A 点与 BC 直线相交，所以还位于 A 点与 BC 直线所构成的轨迹平面上，所以实际上 AG 为这两个轨迹平面的交线。此交线上的一点即为 A 点，另一点为直线 BC 与平行 $\triangle DEF$ 的轨迹平面的交点 G 点，实际求解时并不需要作出另一个轨迹平面。

如图 5-31(b)所示，过 A 如作 $AK /\!/ DE$，$AH /\!/ EF$，那么，AK、AH 所确定的平面就是过 A 点平行于 $\triangle DEF$ 的轨迹平面。

再求出 BC 与轨迹平面的交点 G 点，则连线 $AG(ag,\ a'g')$ 即为所求。

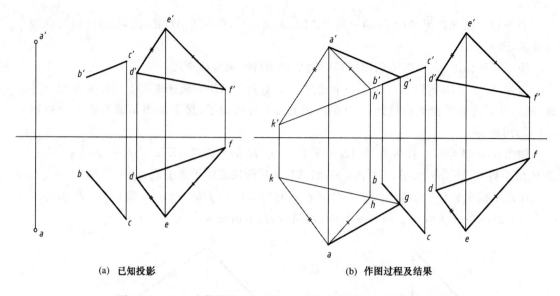

(a) 已知投影   (b) 作图过程及结果

图 5-31　过 A 点作直线 AG 平行△DEF 平面，且与直线 BC 相交

复习思考题

1. 一幢建筑物的外表面可以看成是一些面和线的组合，试举若干例子。

2. 对于(同)坡顶屋面而言，可以看成是由一些平行线、垂直线和一般位置直线组成的垂直面(或其他位置的平面)，也可以看成是由一些垂直面(或其他位置的平面)相交而组成屋面。请列表说明(屋面上)哪些(轮廓)线条可组成正垂面的屋面，哪些(轮廓)线条可组成侧垂面的屋面，等等。同时，也请列表说明各种位置平面相交组成的屋面可产生哪些位置的(轮廓)线条。

3. 影剧院的座椅是活动的，椅背与椅脚是固定的，椅板是可上可下的。把椅背、椅板抽象成平面，把椅脚抽象成直线，椅板放下时和椅背垂直；椅板抬上时和椅背平行。现假设直线(椅脚)始终与平面(椅背)平行(设想若干种场合)，椅板(平面)在抬上放下时，与直线(椅脚)、平面(椅背)的相对位置有哪些？

4. 一般位置的线面相交求交点用辅助垂直面(即面面相交)的方法，主要是利用了什么规律？

5. 投影图上的投影互相分离(不重叠)的平面之间求交线，往往用平行面作辅助面。在求解过程中，所用的是什么方法？

6. 两平面求交线的时候，结果产生全交或半交的原因是什么？

7. 如何在投影图上判断空间互相垂直的(投影面)一般位置的直线和平面？

8. 轨迹法的本质是什么？

9. 太阳光线与地面的夹角(抽象成直线与平面)在一天 24 小时和一年 365 天中的变化有什么规律？

10. 射箭运动员在比赛时，射出的箭落在靶上(箭和靶抽象成直线与平面)二者处于什么位置？一定是互相垂直的吗？

6 投影变换

6.1 投影变换的目的和方法

我们知道,当几何元素处于一般位置的时候,其在各投影面的投影均不反映真实形状,显然不利图示和图解。而当几何元素处于特殊位置(对投影面平行或垂直)的时候,情况就完全不同了,所有结果在投影图上一目了然,使求解过程方便容易。投影变换的目的就在于使几何元素和投影面之间的关系从一般位置变成特殊位置。犹如我们平时观察一个物体,处在随意位置看的时候,有些结构是失真的;转动物体或改变自己的所处位置,使我们的眼光正对着物体上所要观看的那一侧面(如正投影一般),这时,我们所看到的物体这一侧面形状是真实的。这里的"转动物体"就是投影变换的方法之一——旋转法;"改变自己的所处位置"也是投影变换的方法之一——辅助投影面法。生活中也有这样的例子,在行色匆匆的人流中,忽见一人影似乎是久未谋面的老朋友,由于所处的位置并不能看清他的脸,赶紧转身跑了过去,面对面地一看——果然不错。从"所处的位置并不能看清他的脸"到"面对面地一看",也是投影变换。目的就是为了"看清楚","看见真实形状"。

6.1.1 投影变换的目的

直线、平面对投影面处于平行或垂直等特殊情况时,常常能够由投影直接反映量度,或者可使定位的作图方便,如表5-1所列。

但当直线、平面对投影面处于一般位置或不利于图解位置时,应用以前的几何作图方法来图解,常常感到手续较繁,且图示亦不够清晰。为此我们设法把空间形体和投影面的相对位置,变换成有利于图示和图解的位置,再求出新的投影,这种方法,称为投影变换。

6.1.2 投影变换的方法

常用的变换方法有辅助投影面法和旋转法。

如图6-1所示,设有一个垂直于 H 面的 $\triangle ABC$ 平面,它的 H 面、V 面投影都不反映实形。为了使得其投影能够反映 $\triangle ABC$ 平面的实形,下面介绍两种投影变换的方法:

(1) 辅助投影面法。如图6-1(a)所示,设增加一个新的投影面 V_1,使其平行于 $\triangle ABC$ 平面,这时,$\triangle ABC$ 平面在 V_1 面上的投影 $\triangle a_1'b_1'c_1'$ 能反映出 $\triangle ABC$ 平面的实形,这时的 V_1 面称为辅助投影面,而新的投影就称为辅助投影。这种用增加新投影面使几何元素处于有利于图示和图解时所需要位置的投影变换的方法,称为辅助投影面法(也称为换面法)。相对地,原来的 H 面、V 面和 W 面可统称为基本投影面。

(2) 旋转法。如图6-1(b)所示,设以 $\triangle ABC$ 平面上垂直于 H 面的一直线 BC 为轴,把 $\triangle ABC$ 平面旋转得与 V 面平行的位置 $\triangle A_1BC$,这时的 V 面投影 $\triangle a_1'b'c'$,也能显示出 $\triangle ABC$ 平面的实形。这种把几何形体围绕着轴线旋转来达到有利于图示和图解时所需位置的投影变换的方法,称为旋转法。

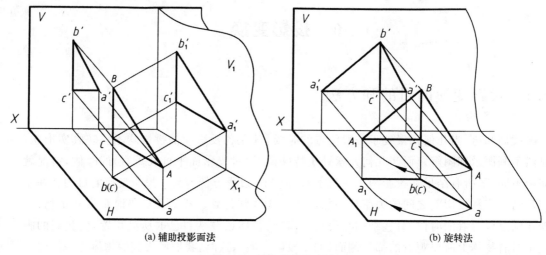

(a) 辅助投影面法   (b) 旋转法

图 6-1   投影变换的方法

6.2   辅助投影面法

6.2.1   基本条件

辅助投影面的位置选择,应符合下列两个基本条件:

(1) 辅助投影面必须垂直于一个已有的投影面,以便利用以前在两个互相垂直的投影面上的投影规律。

(2) 辅助投影面对几何元素必须处于有利于图示和图解的位置,如平行或垂直等。

6.2.2   点的辅助投影——辅助投影的基本作图法

(1) 一次变换。如图 6-2(a)所示,设置一个辅助投影面 V_1,使其垂直于 H 面,与 H 面

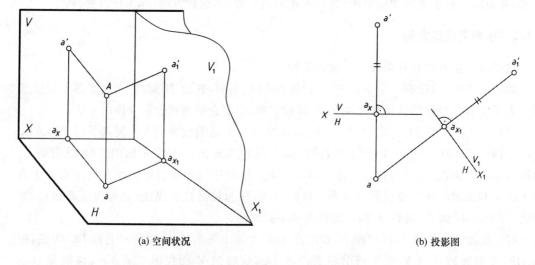

(a) 空间状况   (b) 投影图

图 6-2   辅助投影面 V_1 垂直 H 面

交得投影轴 X_1，称为辅助投影轴，再由 A 点作垂直于 V_1 面的投射线 Aa_1'，则垂足 a_1' 即为 A 点在 V_1 面上的辅助投影。

为了得到在一个平面上的投影图，可先将 V_1 面绕 X_1 轴旋转入 H 面；再随同 H 面旋转入 V 面。所得投影图如图 6-2(b)所示，图中未画出投影面边框。

在空间，Aa 和 Aa_1' 组成一个平面，与 X_1 轴交于一点 a_{X1}，与 H、V 面交于直线 aa_{X1}、$a_1'a_{X1}$，均垂直于 X_1 轴。所以旋转后，连系线 aa_1' 垂直于 X_1 轴；此外，图形 $Aaa_{X1}a_1'$ 也为一个矩形，$aa_{X1}=Aa_1'$，表示 A 点到 V_1 面的距离；$a_1'a_{X1}=Aa=a'a_X$，即辅助投影到辅助投影轴的距离，等于 V 面投影到 X 轴的距离，都表示 A 点到 H 面的距离。

作图时，如果已知 X 轴，a、a' 和 X_1 轴，即可求出 a_1'。由 a 作连系线垂直 X_1 轴，交点为 a_{X1}；由此量取 $a_{X1}a_1'=a_Xa'$，得 a_1'。

反之，当已知 X、X_1 轴和 a、a_1'，也可求出 a'。

图 6-3 为辅助投影面 H_1 垂直于 V 面时，A 点的投影图。图中，$a'a_1\perp X_1$，$a_1a_{X1}=aa_X$，都表示 A 点到 V 面的距离。

同样，也可作辅助投影面垂直 W 面。

由此可知，当辅助投影面 V_1 垂直于 H 面时，好像由它负担起 V 面投影所起的反映到 H 面的距离，即它替换了原来的 V 面。H、V 面体系而变为 H、V_1 面体系。为方便起见，把辅助投影面所垂直的投影面，称为保留投影面；与其原来垂直的投影面，称为替换投影面，投影称为替换投影。例如 $V_1\perp H$，H 面为保留投影面；V_1 面即为替换投影面(图6-2)，于是可得：①点的辅助投影到保留投影之间的连系线，垂直于辅助投影轴；②点的辅助投影到辅助投影轴的距离，等于替换投影到原有投影轴的距离。

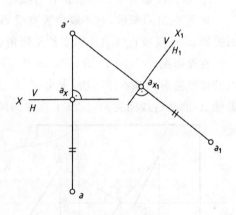

图 6-3　辅助投影面 H_1 垂直 V 面

（2）二次变换。在辅助投影面法中，有时需要连续加设两个或两个以上的辅助投影面。

如图 6-4 所示，连续加设两个辅助投影面。其中，除了第一个垂直于 H 面的 V_1 面外，

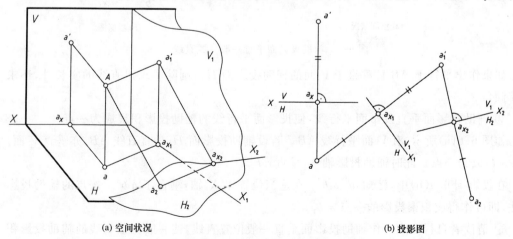

(a) 空间状况　　　　　　　　　　　　　　　　(b) 投影图

图 6-4　连续加设两个投影面

又加设了第二个辅助投影面 H_2 垂直于 V_1 面，其交线为辅助投影轴 X_2。

为了得到在一个平面上的投影图，先将 H_2 绕 X_2 轴转入 V_1 面，再随同 V_1 旋转入 H 面，最后一起转入 V 面。

投射线 Aa'_1 与 Aa_2 也组成一个矩形平面，它与 X_2 轴交于 a_{X2} 点，与 V_1 面和 H_2 面则分别交于直线 a'_1a_{X2} 和 a_2a_{X2}，显然均垂直于 X_2 轴。旋转后，连系线 $a'_1a_2 \perp X_2$ 轴。且 $a_2a_{X2} = Aa'_1 = aa_{X1}$，表示 A 点到 V_1 面的距离；又 a'_1a_{X2} 表示 A 点到 H_2 面的距离。

以后规定，第一个辅助面用编号 1 表示，第二个辅助面用编号 2 表示……

6.2.3　直线和平面投影变换的典型情况

（1）直线的场合

① 辅助投影面平行一般位置直线，使一般位置直线的辅助投影反映实长和一个倾角。

如图 6-5(a) 所示，有一般位置直线 AB。若设置 V_1 面平行于直线 AB，且垂直于 H 面，则投影 $a'_1b'_1$ 反映直线 AB 的实长及倾角 α。此时，X_1 轴平行 ab。

在投影图 6-5(b) 中，设已知 ab 及 $a'b'$。首先，在适当位置作 X_1 轴，平行于 ab；其次，按点的辅助投影的基本作图法，求出 a'_1、b'_1 来连成 $a'_1b'_1$，即反映了 AB 实长；且 $a'_1b'_1$ 与辅助投影轴 X_1 的平行线间夹角，反映了直线的倾角 α 的实大。

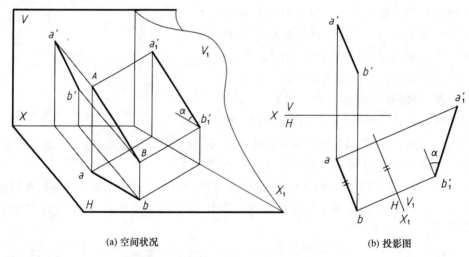

(a) 空间状况　　　　　　　　　　　　　(b) 投影图

图 6-5　辅助投影面平行一般位置直线

如果作出平行于 AB 且垂直于 V 面的辅助投影面 H_1，则除了求出直线的实长外，还求出了倾角 β。

② 辅助投影面垂直投影平行线，使投影面平行线的辅助投影积聚成为一点。

如图 6-6(a) 所示，有 V 面平行线 AB。若设辅助投影面 H_1 垂直直线 AB，亦垂直 V 面。投影 a_1b_1 成为一点。此时辅助投影轴 X_1 垂直 $a'b'$。

在投影图 6-6(b) 中，已知 ab、$a'b'$。在适当位置作 X_1 轴，垂直于 $a'b'$。按点的辅助投影作法，即可作得成积聚投影的一点 a_1b_1。

③ 请读者自行完成。作辅助投影面垂直一般位置直线，使一般位置直线的辅助投影积聚成为一点。参考图 6-7。

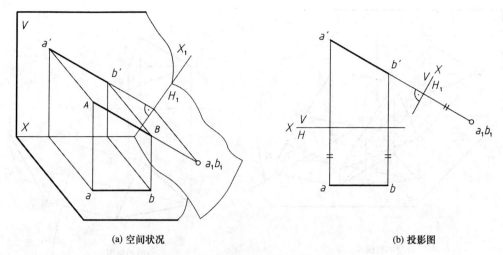

(a) 空间状况   (b) 投影图

图 6-6 辅助投影面垂直 V 面平行线

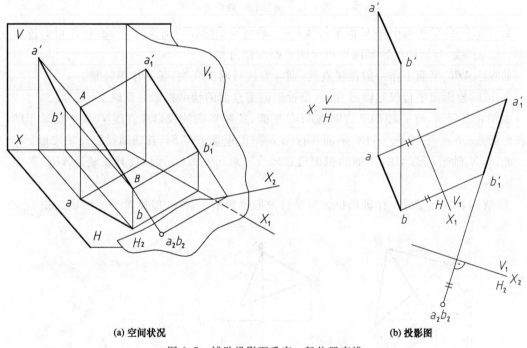

(a) 空间状况   (b) 投影图

图 6-7 辅助投影面垂直一般位置直线

(2) 平面的场合

① 辅助投影面垂直于一般位置平面,使它的辅助投影成为一直线,并反映倾角。如图 6-8(a)所示,有一般位置平面 $\triangle ABC$。当辅助投影面 V_1 垂直于 $\triangle ABC$ 平面上的一条直线 AD 时,也必定垂直于 $\triangle ABC$ 平面。如果 AD 为一条 H 面平行线,则 V_1 亦垂直于 H 面。此时,X_1 轴垂直于 ad。

在投影图 6-8(b)中,已知 $\triangle abc$ 及 $\triangle a'b'c'$。先在 ABC 平面上作 H 面平行线 AD,$a'd'$ 为水平方向;然后作 X_1 轴垂直 ad,这时辅助投影 $a_1'b_1'c_1'$ 成一直线。该直线与辅助投影轴 X_1 间夹角反映平面的倾角 α。

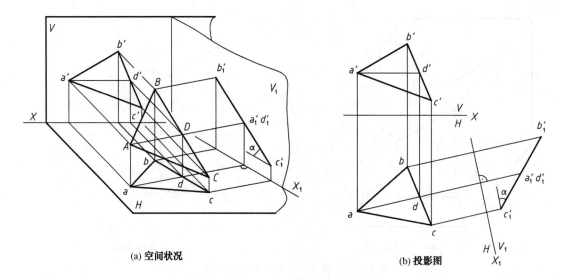

| (a) 空间状况 | (b) 投影图 |

图 6-8　辅助投影面垂直一般位置平面

　　如果在△ABC平面上作V面平行线，与它垂直的辅助投影面垂直V面，则作得的投影 $a_1b_1c_1$ 成一直线，与辅助投影轴间夹角反映平面的倾角 β。

　　如在△ABC平面上作一般位置直线，则需要进行两次变换，显然作图较繁。

　　② 辅助投影面平行投影面垂直面，是投影面垂直面的辅助投影并反映实形。

　　如图 6-9 所示，有V面的垂直面△ABC平面，其在V面的投影成直线 $b'a'c'$。如果作辅助投影面△$a_1b_1c_1$ 平行于△ABC平面，则△$a_1b_1c_1$ 面垂直于V面，其辅助投影反映实形。

　　此时，X_1 轴平行△ABC平面的积聚投影 $b'a'c'$，求出△$a_1b_1c_1$ 面，且其反映△ABC平面的实形。

　　③ 请读者自行完成。作辅助投影面平行一般位置平面，使一般位置平面的辅助投影反映实形，参考图 6-10。

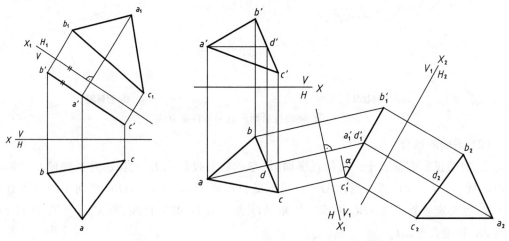

图 6-9　辅助投影面平行投影面垂直面　　　　图 6-10　辅助投影面平行一般位置平面

6.2.4 应用举例

例 6-1 如图 6-11 所示,设直线 AB 和 CD 垂直相交,如已知 $ab,a'b'$ 和 cd,求 $c'd'$。

解 因为我们知道直角的一边平行某投影面,则直角在该投影面上的投影仍为直角,所以,作辅助投影面平行于 AB 或 CD。

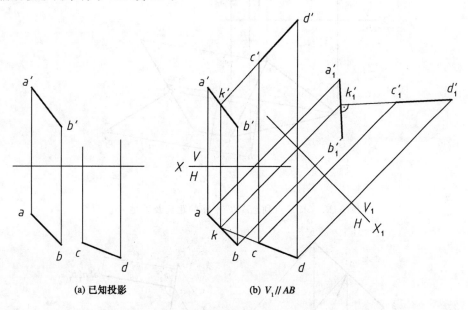

(a) 已知投影   (b) $V_1 /\!/ AB$

图 6-11　完成两垂直直线的投影

作 $V_1 /\!/ AB$,则 $X_1 /\!/ ab$,见图 6-11(b)所示。先延长 cd 作出 ab 和 cd 的交点 k,为 AB 和 CD 的交点 K 的 H 面投影。再由 k_1' 作 $a_1'b_1'$ 的垂线,得 $c_1'd_1'$,为 CD 的 V_1 面投影;最后,把 c_1'、d_1' 与 X_1 的距离,量至 X 轴上方,与过 c 点、d 点的连系线定出 c' 点、d' 点,连线 $c'd'$ 即为所求。

作 $V_1 /\!/ CD$ 也可完成求解,过程完全和 $V_1 /\!/ AB$ 类似,此处不再赘述。

例 6-2 如图 6-12 所示,已知 E 点和 $\triangle ABC$ 平面的 H 面、V 面投影,求 E 点到 $\triangle ABC$ 平面的距离及 E 点到 $\triangle ABC$ 平面垂线的垂足 $F(f,f')$。

解 当平面垂直于某投影面时,一点到平面的距离及垂足,可在该投影面上的投影反映出来。

作 V_1 面垂直于 $\triangle ABC$ 平面上的 H 面平行线 AD,则应 $X_1 \perp ad$。在作出 V_1 面投影 e_1' 及三角形积聚投影 $a_1'b_1'c_1'$ 后,可由 e_1' 向 $a_1'b_1'c_1'$ 作垂线 $e_1'f_1'$,为 E 点向三角形所引垂线的 V_1 面投影,其长度即为所求距离,垂足 f_1' 即为该垂线的垂足 F 的 V_1 面投影。由于 EF 及 V_1 面均垂直 $\triangle ABC$ 平面,所以 $EF /\!/ V_1$,因而 $ef /\!/ X_1$,与 f_1' 点向 X_1 轴所引连系线交得 f。再根据 f_1' 到 X_1 的距离可定出 f'。图上已作出垂线 EF 的 V 面投影 $e'f'$。

例 6-3 如图 6-13 所示,已知两交叉直线 AB 和 CD 的两面投影,求它们的公垂线 MN 的投影和 AB 与 CD 的距离 d。

解 公垂线的长度即为两交叉直线的距离,当交叉线之一垂直于某投影面时,因公垂线平行于该投影面,而它的投影垂直于另一直线在该投影面上的投影;且反映公垂线的实长,即两交叉线的距离。

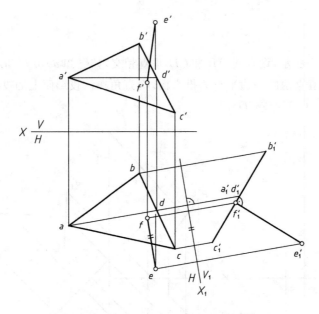

图 6-12　求 E 点到△ABC 平面的距离及垂足

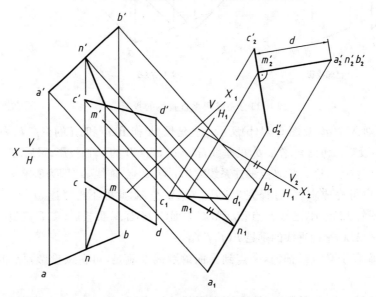

图 6-13　两交叉直线的公垂线及距离

作 H_1 面 $/\!/ AB$，H_1 面 $\perp V$ 面，$X_1 /\!/ a'b'$，可得 a_1b_1 及 c_1d_1；再作 V_2 面 $\perp AB$，并且 V_2 面 $\perp H_1$ 面，则 $X_2 \perp a_1b_1$，得 $c'_2d'_2$ 及积聚成一点的 $a'_2b'_2$，公垂线 MN 在 AB 上的垂足 N 的 V_2 面投影 n'_2，也积聚于 $a'_2b'_2$ 上。由 n'_2 作 $c'_2d'_2$ 的垂线，垂足 m'_2 为 MN 在 CD 上垂足 M 的 V_2 面投影。$m'_2n'_2$ 即为公垂线 MN 的 V_2 面投影，其长度即表示两交叉直线间距离 d。又因为 $MN /\!/ V_2$，所以 $m_1n_1 /\!/ X_2$，由 m'_2 在 c_1d_1 上求出 m_1 后，即可作出 m_1n_1。并由此求出 $m'n'$ 和 mn。

例 6-4　如图 6-14 所示，已知△ABC 平面和△ABD 平面的两面投影，在投影图上表示它们夹角的真实大小。

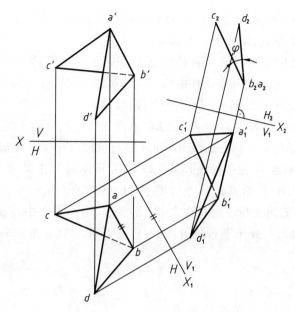

图 6-14　两个三角形间的夹角

解　当两平面垂直于某投影面时,它们在该投影面上的两条积聚投影间夹角,反映两三角形间夹角的真实大小。此时,两个三角形的交线也垂直于该投影面。本图中,因两个三角形的交线 AB 为一般位置直线,必须通过投影变换使其成为特殊位置直线。

作一个 V_1 面 $/\!/ AB$(AB 为两个三角形的交线),并且 V_1 面 $\perp H$ 面。即作 $X_1 /\!/ ab$,得 V_1 面投影 $\triangle a_1' b_1' c_1'$ 和 $\triangle a_1' b_1' d_1'$。再作 H_2 面 $\perp AB$,并垂直 V_1 面,即 $X_2 \perp a_1' b_1'$。最后所求出的两个三角形的积聚投影 $\triangle a_2 b_2 c_2$ 和 $\triangle a_2 b_2 d_2$ 间夹角,即表示两个三角形之间夹角的真实大小。

例 6-5　已知直线 DE 和 $\triangle ABC$ 平面的两面投影,求它们之间的夹角 φ 的真实大小。

解　如图 6-15 所示,空间有直线 DE 与 $\triangle ABC$ 平面。如果 DE 与 $\triangle ABC$ 平面交于 K 点,从 DE 上任一点如 E 点,向 $\triangle ABC$ 平面引垂线,垂足为 L,则 $\angle EKL = \varphi$。如果作出辅助

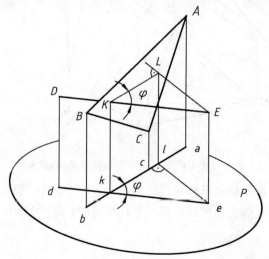

图 6-15　直线与平面间夹角的辅助投影示意图

投影面 $P /\!/ \triangle EKL$，那么，P 面一定垂直 $\triangle ABC$ 平面。DE 在 P 面上的投影 de 与 $\triangle ABC$ 平面的积聚投影 abc 间夹角，就是我们所求的线面夹角 φ。

　　如图 6-15 所示，我们可以作一个辅助投影面 P 平行于 ED 和 EL 所组成的平面，解题时先要过已知直线上任一点向已知平面作垂线。然后运用二次变换来解题。

　　在图 6-16 中，已知直线 DE 和 $\triangle ABC$ 平面的两面投影，在 $\triangle ABC$ 平面上作 H 面和 V 面平行线 AI 和 AJ，过 DE 上任一点 D 作 $\triangle ABC$ 平面的任意长度的垂线 DG（也就是分别垂直 $\triangle ABC$ 平面内 H 面和 V 面的平行线 AI 和 AJ），直线 DE 和 DG 组成一个一般位置的平面。可在该平面上作一条 H 面平行线 EG（先作 $e'g'$，再作 eg），作 V_1 垂直于 EG，就是 X_1 $\perp eg$；再作 $H_2 /\!/ \triangle DEG$，就是 $X_2 /\!/ d'_1 e'_1$。于是在 H_2 面投影中，$d_2 e_2$ 与 $a_2 b_2 c_2$ 间夹角，表示了直线 DE 与 $\triangle ABC$ 平面间夹角 φ 的真实大小。因为在 H_2 面投影中，$\triangle DEG$ 平面反映实形（为简洁起见图中未画出），处于平行位置，那与它垂直的 $\triangle ABC$ 平面一定是处于垂直位置而积聚成一直线。

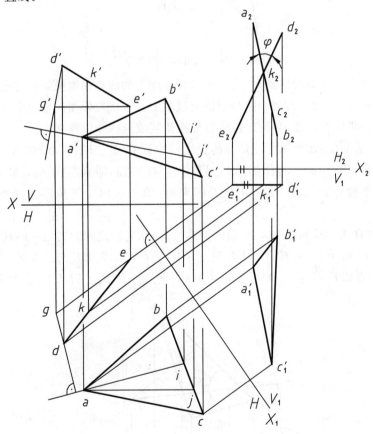

图 6-16　求解直线 DE 与 $\triangle ABC$ 平面间夹角（简接解法）

　　也可以运用三次投影面变换完成该例题的求解，其中包括把一般位置平面变换成投影面的垂直面和把一般位置直线变换成投影面的平行线，如图 6-17 所示。

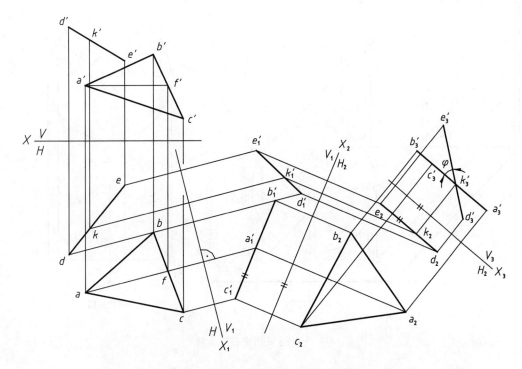

图 6-17　三次变换求解直线 DE 与 $\triangle ABC$ 平面间夹角（直接解法）

6.3　旋转法

把几何元素围绕着轴线旋转来达到有利于图示和图解时所需位置的投影变换的方法，称为旋转法。例如，一点绕投影面垂直轴旋转时，该点在旋转轴垂直的投影面上的投影，是在一个圆周上转动；该点的另外投影，则是在与旋转轴的投影垂直的直线上移动（平行于相应的投影轴方向）。

如图 6-18(a)所示为空间一点 A 绕 V 面垂直轴 O 旋转时情况。O 轴的 V 面投影积聚成一点 o'，旋转中心 O_A 的 V 面投影 o'_A 与 o' 重合。旋转轨迹的 V 面投影是通过 a' 的一个圆周。半径 $a'o'_A$ 为圆周半径的投影。旋转圆周的 H 面投影是通过 a 的一段直线，垂直于 O 的 H 面投影，长度等于旋转直径，垂足 o_A 为旋转中心 O_A 的 H 面投影。如图 6-18(b)所示为 H 面投影图。

当 A 点旋转至 A_1 位置时，投影 a' 沿同一方向旋转相同角度，至 a'_1。标记几何元素旋转后的位置时，根据旋转次数，用原来的字母加注下标 $1,2,\cdots,n$ 等表示。

按旋转轴与投影面的相对位置不同，旋转法可分为：绕垂直于投影面的轴线旋转（简称绕垂直轴旋转）；绕平行于投影面的轴线旋转（简称绕平行轴旋转）；绕一般位置的轴线旋转等。

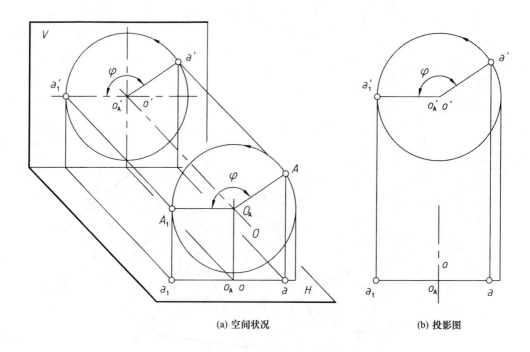

(a) 空间状况　　　　　　　　　　　　(b) 投影图

图 6-18　一点绕 V 面垂直轴旋转

6.3.1　绕投影面垂直轴的旋转法

几何元素被旋转时,其上各点均沿相同方向旋转相同角度,所以旋转后其本身的形状及其相互之间的位置不变——这是旋转法所要遵循的基本规律。可以明确如下基本性质:

直线或平面被旋转时,在旋转轴所垂直的投影面上的投影长度或形状和对该投影面的倾角保持不变;

直线或平面被旋转时,在旋转轴所平行的投影面上的投影长度或形状和对该投影面的倾角都将改变。

(1) 直线场合

① 一般位置直线旋转成投影面平行线,旋转后的投影反映实长及对轴线所垂直投影面的倾角。

如图 6-19(a)所示,有一条一般位置直线 AB,以通过 B 点的一条 H 面垂直线 O 为轴,旋转至平行 V 面的位置 A_1B。则 $a_1'b'$ 等于直线 AB 的实长,并反映出与 H 面的倾角 α;此时 a_1b 平行 X 轴而且长度 $a_1b=ab$。

在投影图 6-19(b)中,如已知 ab、$a'b'$,欲求实长及倾角 α,则先过任一点如 B,取一条 H 面垂直线 O 为轴,O 与 B 重合,o' 为竖直方向;再使 ab 旋转成水平位置 a_1b,长度不变;最后由 a_1 作连系线,与由 a' 绕旋转圆周 V 面投影的水平线交得 a_1'。连线 $a_1'b'$ 即反映 AB 的实长,并且反映倾角 α。

从本例可知,欲求一般位置直线实长,可以把它旋转成任一投影面的平行线;欲求一般位置直线对某一投影面的倾角,则旋转轴应垂直于该投影面,把直线旋转成另一投影面的平行线。在旋转轴所垂直的投影面上,直线旋转前后投影的长度不变。

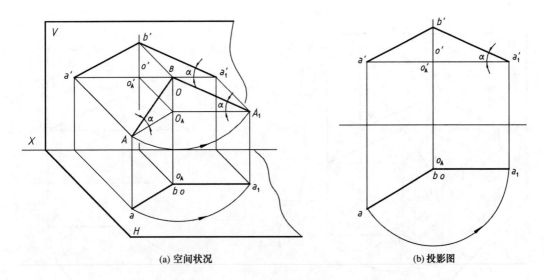

(a) 空间状况   (b) 投影图

图 6-19　一般位置直线旋转成投影面平行线

② 投影面平行线旋转成投影面垂直线,使旋转后的一投影积聚成一点。

如图 6-20(a)所示,AB 为 V 面平行线,以通过 A 点的一条 V 面垂直线 O 为旋转轴,将 AB 旋转至垂直于 H 面的位置如 B_1A。则 b_1a 成一点,$a'b_1'$ 则垂直于 X 轴。

投影图如图 6-20(b)所示,如已知 ab、$a'b'$,过 A 点取一条 V 面垂直线 O 为轴,O 通过 a 并垂直于 X 轴,o' 与 a' 重合,使 $a'b'$ 旋转成竖直位置 $a'b_1'$,则 $a'b_1' = a'b'$,b_1 与 a 重合。

从本例可知,某投影面平行线旋转一次,可旋转成另一投影面的垂直线,旋转轴应垂直于直线所平行的投影面。

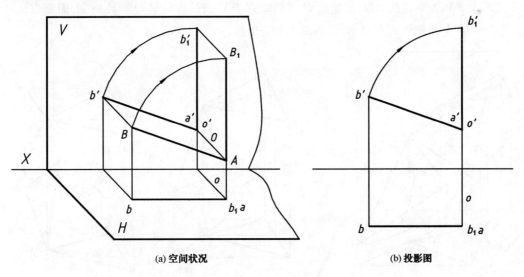

(a) 空间状况   (b) 投影图

图 6-20　投影面平行线旋转成投影面垂直线

③ 请读者自行完成。一般位置直线旋转成投影面垂直线,旋转后一投影积聚成一点。参考图 6-21。图 6-21(b)的投影图,实际是图 6-19(b)和图 6-20(b)的连续作图。

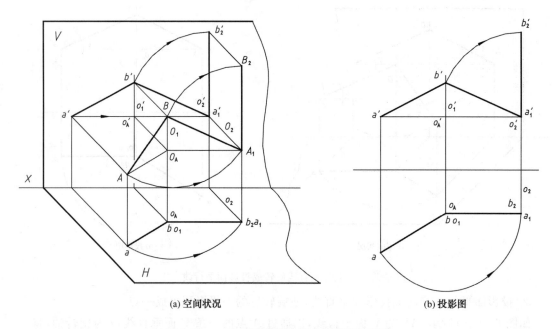

(a) 空间状况

(b) 投影图

图 6-21　一般位置直线旋转成投影面垂直线

（2）平面场合

① 一般位置平面旋转成投影面垂直面，使旋转后投影积聚成一直线并反映与轴线所垂直的投影面的倾角。

如图 6-22(a)中，如要把一般位置平面 $\triangle ABC$ 平面旋转成垂直于 H 面，可将 $\triangle ABC$ 平面上某直线，如 V 面平行线 BD，绕通过 B 点的垂直于 V 面的旋转轴 O 旋转成 H 面垂直线 BD_1，则 $\triangle ABC$ 平面旋转成垂直 H 面的 $\triangle A_1BC_1$ 平面。

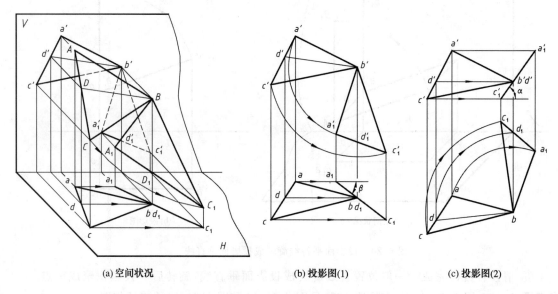

(a) 空间状况

(b) 投影图(1)

(c) 投影图(2)

图 6-22　一般位置平面旋转成投影面垂直面

图 6-22(b)为投影图。如已知△abc 及△a'b'c'。在△ABC 平面上取一条 V 面平行线 BD,即 bd 水平,再作出 b'd';并过 B 点取垂直 V 面的旋转轴 O(o,o');再把 b'd'绕 o'旋转成竖直方向,作出△a₁'b'c₁'≌△a'b'c',于是 a₁bc₁成一直线。

旋转时,因△ABC 平面对 V 面的倾角不变,所以积聚投影直线 a₁bc₁能反映倾角 β。

如果需要得到△ABC 平面对 H 面的倾角 α,可以在平面内取一条 H 面平行线完成求解,如图 6-22(c)所示。

从本例可知,要将一般位置平面旋转成某投影面的垂直面。旋转轴应垂直于另一投影面,并在平面上取那个投影面的平行线。如要求出一般位置平面对某投影面的倾角,应该把平面旋转成另一投影面的垂直面。在旋转轴所垂直的投影面上,平面图形旋转前后的投影形状、大小不变。

② 投影面垂直面旋转成投影面平行面,使旋转后的投影反映平面的实形。

图 6-23(a)为一个 H 面垂直面△ABC 平面,以通过 C 点的 H 面垂直线 O 为轴,将平面旋转成平行 V 面的△A₁B₁C 平面的情况。此时,H 面积聚投影成水平方向;旋转后的 V 面投影△a₁'b₁'c'反映△ABC 平面的实形。

作图过程及结果如图 6-23(b)所示。

从本例可知,投影面垂直面旋转一次,能成为另一投影面的平行面,旋转轴应垂直于平面所垂直的投影面。

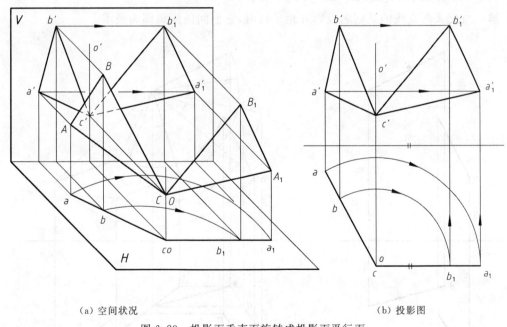

（a）空间状况　　　　　　　　　　　　　（b）投影图

图 6-23　投影面垂直面旋转成投影面平行面

③ 请读者自行完成。一般位置平面旋转成投影面平行面,使旋转后的投影反映实形。参考图 6-24。

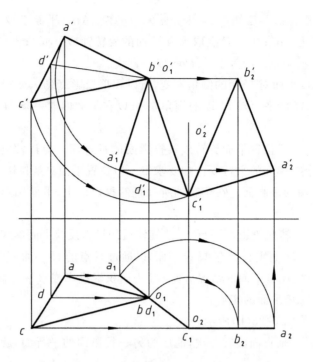

图 6-24 一般位置平面旋转成投影面平行面

例 6-6 求交叉两直线 AB 和 MN 间距离(图 6-25)。

解 当交叉两直线的某同名投影互相平行时,它们间的距离即为所求。

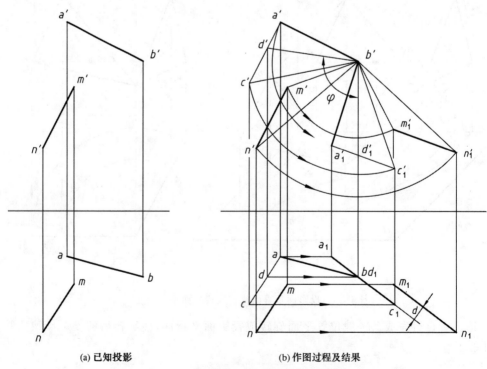

(a) 已知投影　　　　　　　　　(b) 作图过程及结果

图 6-25 求直线 AB 和 MN 的最短距离

如图 6-25 所示,过直线 AB 上 A 点作任意长度直线 AC 平行 MN,组成△ABC 平面,则 MN 与△ABC 平面互相平行。MN 随同△ABC 平面绕通过 B 点的 V 面垂直轴 O 旋转时,MN 始终平行△ABC 平面的 AC 边。旋转角度 φ 后,△ABC 平面上 V 面平行线 BD 成为 H 面垂直线,△ABC 平面成为与 H 面垂直的△A_1BC_1平面,此时,a_1b 和 a_1c_1 重合成一直线。同时,MN 上各点也旋转相同的角度 φ,至 M_1N_1 位置,而且 $M_1N_1 \parallel A_1C_1$。这时 $m_1n_1 \parallel a_1c_1$,$m_1n_1 \parallel a_1b$。它们间的距离 d 等于所求的距离。

6.3.2　绕投影面平行轴旋转法

平面以面上某投影面平行线为旋转轴,可以旋转成平行于这个投影面的位置,平面在新位置时的投影,能反映平面的实形。此法称为投影面平行轴旋转法。可以解决平面图形实形的图解问题。通常较多采用以 H 面平行线为轴(当以 H 面迹线为轴,平面旋转后将重合于 H 面,称为重合法)。

如图 6-26(a)所示,一点 A 绕 H 面平行轴 O 旋转时,旋转平面垂直于 H 面,旋转圆周的 H 面投影 a_1a_2,为长度等于旋转直径的直线,其方向垂直于 O,垂足 o_A 为旋转中心 O_A 的 H 面投影。当 A 点旋转到与旋转轴 O 等高的位置 A_1 或 A_2 时,A_1,A_2 位于轴线所在的 H 面平行面上,新投影 a_1 及 a_2 到 o 之间的距离 a_1o_A 和 a_2o_A 都等于旋转半径的长度。

投影图中,旋转圆周的 V 面投影将是一个椭圆,一般与作图无关。

投影图中,如已知一个旋转点 A 和旋转轴 O 的投影 a,a' 和 o,o',则把 A 点旋转到与旋转轴 O 等高时的作法如下(图 6-26(b)):

(1) 由 a 向 o 引垂线 ao_A,垂足 o_A 为旋转中心 O_A 的 H 面投影,ao_A 为旋转半径 AO_A 的 H 面投影;

(2) 利用直角三角形法,求出旋转半径 AO_A 的实长 o_AA_0;

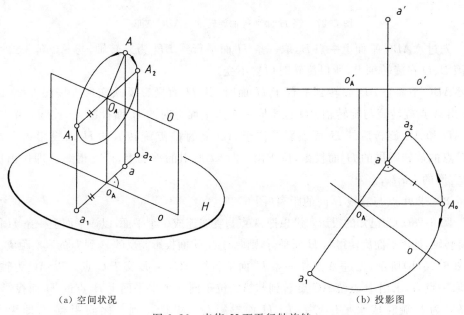

(a) 空间状况　　　　　　　　　　　　(b) 投影图

图 6-26　点绕 H 面平行轴旋转

（3）在 ao_A 的延长线上，取 $o_A a_1 = o_A a_2 = o_A A_0$，即得 A 点旋转后位置 A_1、A_2 的 H 面投影 a_1、a_2。

例 6-7 已知 △ABC 平面的投影，用绕投影面平行轴旋转法，求 △ABC 平面的实形（图 6-27）。

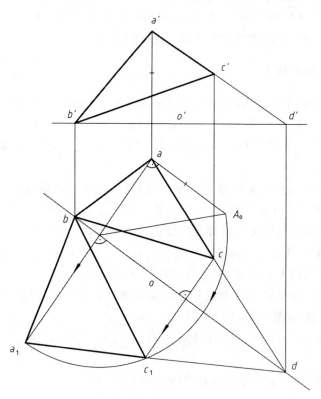

图 6-27 绕 H 面平行轴旋转求 △ABC 实形

解 先过 △ABC 平面上一点 B，取一条 H 面平行线 BD 为旋转轴，与 AC 延长线交于 D 点。因 B、D 在旋转轴上，所以旋转时位置不变。

当 △ABC 平面绕 BD 旋转到平行于 H 面时，其 H 面投影反映实形。按图 6-26 的方法，先求出 A 点旋转到与旋转轴 BD 位于同一个水平面上时的 H 面投影 a_1，连线 a_1d 和 a_1b 分别为 AD 和 AB 旋转后的 H 面投影。位于 AD 上的 C 点旋转后的 H 面投影 c_1 一定在 a_1d 上；C 点的旋转圆周的 H 面投影，位于由 c 向 bd 所引的垂线上，可交得 c_1。即作出反映 △ABC 实形的 △a_1bc_1。

例 6-8 求 A 点与直线 L 间的距离（图 6-28）。

解 图 6-28(a) 为已知的投影。设想把 A 点与直线连成一个平面，以该平面上一条 H 面平行线为旋转轴，把该平面旋转得与 H 面平行，则此时的 H 面投影能反映 A 到 L 的真实距离。

如图 6-28(b) 所示，先过 A 点作一条 H 面平行线 AC，与 L 交于 C 点。以 AC 为轴，并在 L 上取一点 B，求出 B 点绕 AC 旋转到与 AC 位于同一个水平面上 B_1 点的 H 面投影 b_1。则连线 b_1c 为 L 旋转成水平位置 L_1 的 H 面投影 l_1。于是 a 到 l_1 之间距离 d，即为所求距离。

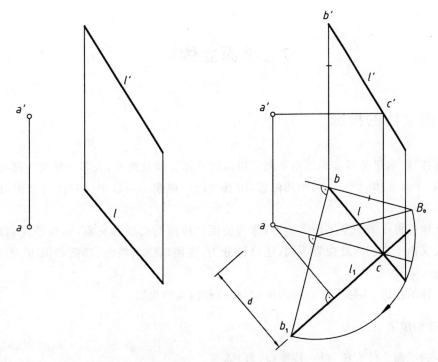

图 6-28　*A* 点到直线 *L* 间距离

复习思考题

1. 投影变换的本质是什么？为什么会提出投影变换这个概念？

2. 从解题的角度讲述一下投影变换这一方法的意义。

3. 应用投影变换方法解题时，除了思考解题思路外，具体操作时关键要把握哪些作图规律？

4. 比较一下辅助投影面法和旋转法的各自特点及其适合的场合。

5. 在辅助投影面法中，新投影面的选择有何规律？新投影系统与原来的投影系统有什么关系？

6. 在旋转法中，旋转轴的选取应如何进行？

7 平面立体

7.1 平面立体的投影

平面立体,顾名思义即表面均由平面所组成的立体。抽象地看,大部分建筑物都可认为是平面立体,平面立体的形状、大小和位置,由其表面所确定。所以平面立体的投影由其表面的投影来表示。

平面立体的每个表面是平面多边形,称为棱面。棱面的交线和交点,称为棱线和顶点。棱面和棱线又由于它们所处位置不同,还可详分为:顶面、底面、侧面、端面和顶边、底边、侧棱等。

平面立体的投影,实际上可归结为棱面、棱线和顶点的投影。

7.1.1 棱柱和棱锥

最基本的平面立体有棱柱体、棱锥(棱台)体等。

(1)棱柱体。图 7-1 为一个长方体,即一个四棱柱投影形成的空间状况及投影图。

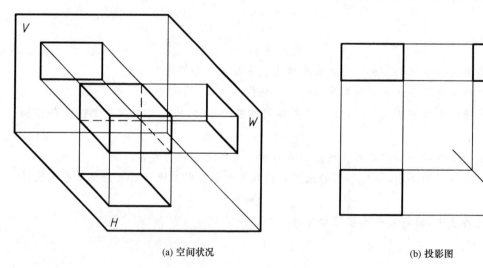

(a) 空间状况　　　　　　　　　　　　　(b) 投影图

图 7-1　四棱柱

该长方体的三对互相平行的棱面,分别平行于各投影面。

H 面投影是一个矩形,为长方体上呈矩形的顶面和底面重叠的投影,顶面为可见的,底面则不可见。该投影反映了它们的实形。矩形的边线,为顶面上和底面上各四条边线,即棱线的重影,反映了它们的实长和方向,同时也是四个侧面的积聚投影。

V 面投影也是一个矩形,为前后两个侧面的重影,反映了它们的实形。矩形的边线,为这两个侧面上棱线的重影,反映它们的实长和方向,同时也是顶面、底面和左、右侧面的积聚投影。矩形的顶点,为四条垂直于 V 面棱线的积聚投影,同时也是前、后每对顶点的重影。

同样,可分析出 W 面投影的矩形意义。

如图 7-2 所示为一个五棱柱的投影形成的空间状况及投影图。

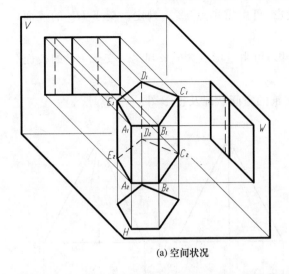

(a) 空间状况

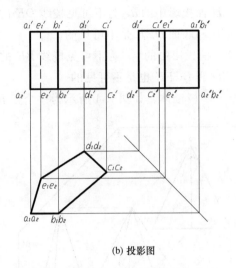

(b) 投影图

图 7-2　五棱柱

五棱柱的顶面和底面平行于 H 面,所以它们重影的 H 面投影为一个反映它们实形的五边形。H 面投影的五条边线,同时也是垂直于 H 面的五个侧面的积聚投影,五个顶点也是垂直于 H 面的五条侧棱的积聚投影,也可看作上下每对顶点(如 A_1A_2)的重影。

V 面投影呈矩形。两侧的竖直线为左侧棱 A_1A_2 和右侧棱 C_1C_2 的投影,上下水平线为顶面和底面的积聚投影。五个侧面除 $A_1A_2B_2B_1$ 平行于 V 面而反映为实形外,其余 4 个侧面的投影都小于实形,且 $A_1A_2E_2E_1$、$E_1E_2D_2D_1$、$D_1D_2C_2C_1$ 为不可见。

W 面投影也呈矩形。左(后)侧的竖直线为后侧棱 D_1D_2 的投影,右(前)侧的竖直线为前侧面 $A_1A_2B_2B_1$ 的积聚投影,上下水平线为顶面和底面的积聚投影。其余 4 个侧面都不平行于 W 面故投影都小于实形,且 $B_1B_2C_2C_1$、$C_1C_2D_2D_1$ 为不可见。

如图 7-3 所示为一个斜三棱柱的投影图。

该三棱柱的顶面和底面都是 H 面平行面,H 面

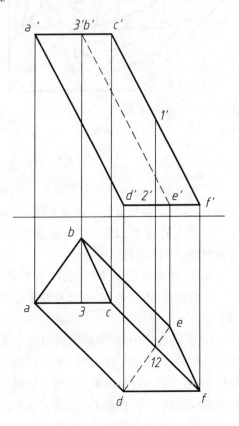

图 7-3　斜三棱柱

投影能反映它们的实形,这两个面的 V 面投影各为一条水平线(积聚投影)。互相平行的三条侧棱均是一般位置直线,侧面均是一般位置平面,因而各投影都不能反映侧棱的实长和侧面的实形。

H 面投影中的 de 为不可见棱线 DE 的投影,可由重影点 12 来判定。交于 DE 的棱面 $ADEB$ 和底面 DEF 是不可见的。

V 面投影中的 $b'e'$ 为不可见棱线 BE 的投影,可由重影点 $3'b'$ 来判定。交于 BE 的棱面 $ABED$ 和 $BCFE$ 也是不可见的。

(2)棱锥体。如图 7-4 所示为一个正五棱锥的空间状况及投影图。

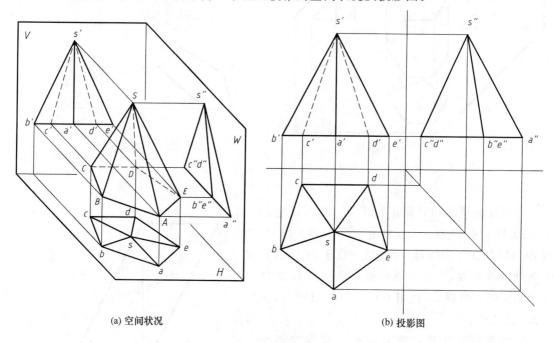

(a) 空间状况　　　　　　　　　(b) 投影图

图 7-4　五棱锥

五棱锥的底面为一个水平的正五边形 $ABCDE$。它的 H 面投影 $abcde$ 反映了实形;V 面和 W 面投影各积聚成一条水平线,作图时,宽度可由先作出的 H 面投影来确定。

顶点 S 的 H 面投影 s 位于五边形 $abcde$ 的中心。s 与五边形顶点 a、b、c、d、e 的连线,即为各侧棱的 H 面投影。

同样,作出顶点 S 的 V 面、W 面投影 s'、s'' 后,可连得各侧棱的投影 $s'a'$,…,$s''a''$,…

V 面投影,由于侧棱 SC、SD 位于立体的后方而不可见,它们的 V 面投影 $s'c'$、$s'd'$ 用虚线表示。

在 W 面投影中,因为后侧面包含一条垂直 W 面的底边 CD,所以垂直 W 面,它的 W 面投影有积聚性。侧棱 SC、SD 的 W 面投影 $s''c''$、$s''d''$ 也重影。左右两条侧棱 SB、SE 的 W 面投影,为可见的 SB 的投影 $s''b''$ 与不可见的 SE 的投影 $s''e''$ 重影,仍用实线表示。由于 SA 平行 W 面,所以 W 面投影 $s''a''$ 反映了 SA 的实长和倾角 α。所有侧面在三个投影中没有一个反映实形。

7.1.2 平面立体的投影性质

从上列几个例子中,可以得出平面立体的投影特性:

(1) 平面立体的投影性质

平面立体的投影,就是其棱面的投影,而棱面的投影,由其棱线的投影来表示;棱线的投影又为其顶点投影的连线。所以,平面立体的投影,实质上是点、直线和平面的投影集合。

工程图主要是由线条表示的,所以立体的投影图中,一般不需注出顶点的字母。本书中所注字母,仅供方便读图和叙述的需要。

(2) 投影中的线和点的意义

投影图是由线条表示的,由于平面立体上点、直线和平面不是孤立存在的,投影图中的直线,可以是棱线的投影,也可能是棱面的积聚投影。例如,图 7-4 的 W 面投影中,直线 $s''a''$ 为一条棱线 SA 的投影,直线 $s''b''(s''e'')$ 是两条棱线 SB 和 SE 的重影,而直线 $s''c''(s''d'')$,既是两条棱线 SC 和 SD 的重影,又是棱面 SCD 的积聚投影。

投影图中直线的交点,可以是顶点的投影,也可能是棱线的积聚投影。例如图 7-4 的 W 面投影中,s'' 仅是顶点 S 的投影,但是交点 $c''d''$ 既是两点 C 和 D 的重影,又是底边 CD 的积聚投影。

(3) 投影图作法

平面立体的投影图,可以先作出顶点的投影,再连成棱线的投影。如图 7-4 所示的 V 面、W 面投影中,先作出顶点 S 的 s'、s'',再作出各侧棱的投影。

当棱线的方向确定,或棱面的投影积聚时可以直接作出它们的投影。如图 7-1 和图 7-2 中棱柱体的投影。

投影图中各投影的作图顺序,也视具体情况而定。有的可以先画完一个投影,再画另一个投影,如图 7-1 所示。有的则以先画某投影为佳,例如,在图 7-2 中,虽然可以根据五棱柱的长度、宽度和高度,先完成 V 面及 W 面投影,但宜先画 H 面投影的五边形,再由之作连系线来完成 V 面及 W 面投影。有的则先画某一投影的某部分,就能方便地画出其他投影。例如,在图 7-4 中,先画底面的 H 面投影,然后定出五边形上各顶点的 V 面和 W 面投影。

对于复杂的立体,则需要各投影互相穿插进行绘制。

(4) 可见性

立体和平面一样是作为不透明的。当朝向某投影面观看时,凡可见的棱线,在该投影面上的投影,用实线表示,不可见的用虚线表示。当两条(或多条)棱线的投影重影时,只要其中一条为可见的棱线,就应该用实线表示。

在投影图中,由于棱面的投影是由棱线的投影表示的,所以棱面的可见性可由棱线的可见性来判定。

组成棱面的所有棱线的投影,只要不全是投影的最外轮廓线,则只有都可见时,该棱面的投影才是可见的,其中只要有一条不可见,该棱面的投影就不可见。但如果组成棱面的所有棱线的投影全是投影的最外轮廓线,虽然都是可见的,但该面也不一定可见(可能可见,也可能不可见)。如图 7-4 所示的 H 面投影中,ab、bc、cd、de、ea 都是可见的,但由于它们是投影的最外轮廓线,由它们组成的底面的投影却是不可见的。因为诸如线段 ab 等属于侧面

△SAB 的边线,△SAB 等属可见面,底面被它们遮住而不可见了。

(5) 投影数量

当投影图中标注顶点的字母时,则平面立体可以用任意两个投影来表示。因为点的空间位置由两个投影来确定,因而棱线、棱面和立体也随之而定。但立体的投影图一般是不标注字母的,因此由两个投影不一定能确定一个立体。

又如复杂的立体,即使标注顶点的字母,但仅由两个投影也难以很清晰地表达出来。与不标注字母时情况相同,要随立体的形状和它们对投影面的相对位置等来确定投影的数量。

如图 7-1 为不标注顶点字母的长方体,它的棱面平行于三个投影面时,需要三个投影才能表示清楚,否则,如只画 H 面和 V 面投影,由于 W 面的投影有无限多种,因此就不能确定是长方体还是其他形体。但是当长方体放成如图 7-5 中所示的位置时,则只要两个投影就能表达清楚。但通常为了要表示长方体的各个棱面实形,一般都把各棱面排成对投影面平行的位置,因此,宁可多画一个投影,也不宜放成图 7-5 中歪斜位置。

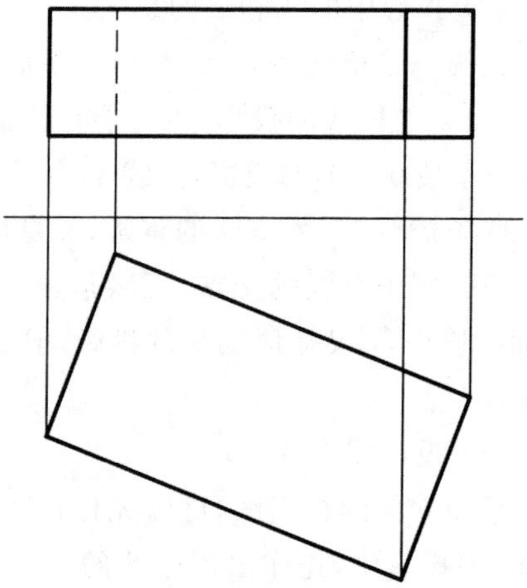

另外,如工程中有些物体(如一块砖)肯定为长方体,或者另有其它文字说明,则有时也可用两个投影来表示。

至于长方体以外的棱柱和棱锥,如图 7-2 所示的五棱柱,若不标注顶点字母,则只要画出反映顶面和底面形状的 H 面投影,再画出一个投影如 V 面或 W 面投影,就能确定是一个五棱柱了,但不能仅由不表示顶面和底面形状的 V 面和 W 面投影来表达;又如图 7-4 所示的五棱锥,也只要一个反映底面形状的 H 面投影和另一个投影如 V 面或 W 面投影,就能够表达清楚了。

图 7-5　斜放的长方体

于是,可以得出如下结论:除了各面平行于投影面的长方体需三个投影以外,其他棱柱体和棱锥体只要两个投影就可以表达清楚,但是其中一个投影必须是反映(顶)底面或端面形状的投影。

7.1.3　平面立体表面上的点和直线

平面立体表面上点和直线的问题,可归结为平面上点和直线以及直线上点的问题。

(1) 平面立体上的点和直线的可见性

凡是可见棱面上的点和直线,以及可见棱线上的点,都是可见的,否则,是不可见的。

图 7-6 的五棱锥表面上,点 F 位于棱线 SB 上,在向三个投影面观看时,SB 都是可见的,故点 F 的三个投影都是可见的。直线 MN 位于△SCD 上。向 H 面观看时,△SCD 是可见的,故 MN 也是可见而 mn 画成实线,但向 V 面观看时,△SCD 是不可见的,故 MN 也是不可见而 m'n' 画成虚线。

(2) 由已知投影求作未知投影

已知棱面上点和直线的一个投影,以及棱线上一点的一个投影,可以求出其他投影,但若仅知它们位于棱面和棱线的积聚投影上的投影,则不能求出其余投影。

① 棱线上点——如图 7-6 所示,如在五棱锥表面上,已知点 F 的一投影 f',因为 f' 在 $s'b'$ 上,可知 F 在 SB 上,所以由 f' 作连系线,可分别在 sb 和 $s''b''$ 上定出 f 及 f''。但如果已知 f 和 f'' 中的一个则不能确定 f',如 f,虽然 f 在 sb 上,但 F 可能在 SB 上,也可能在五边形的底面上,所以有两解。如果是已指定在 SB 上,则可由连系线来定出 f' 及 f''。

如已知 SA 上一点 K 的投影如 k,则要先求出 k'' 后,再由之定出 k',当然,在两面投影中,也可用定比法来直接求出 k'。

② 棱面上直线——如已知 $\triangle SAE$ 棱面上有辅助线 SJ 的一个投影 sj,则定出 j',j'' 后,即可连得 $s'j'$ 及 $s''j''$。又如已知 $\triangle SAB$ 棱面上直线 FG 的一投影 $f'g'$。因为 $f'g'$ 为水平线,可知 FG 为棱面上的 H 面平行线,必然平行于棱面上的水平边 AB,在定出 f 后,由 f 作

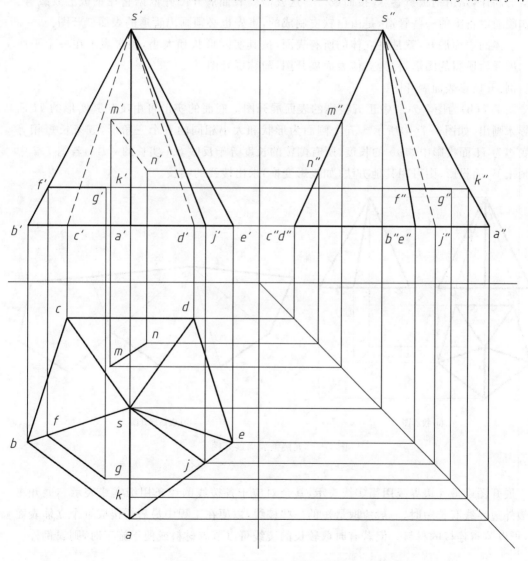

图 7-6　五棱锥表面上的点和直线

平行 ab 的直线,与通过 g' 的连系线来交成 fg,之后再求出 $f''g''$,同样是一条水平线。又如已知△SCD 棱面上直线 MN 的投影 $m'n'$,由于 $m''n''$ 应位于△SCD 棱面的积聚投影 $s''c''(s''d'')$ 上,可以先求出 $m''n''$,再由 m'、n' 和 m''、n'' 作连系线来作出 mn。此外,如果仅仅知道 $m''n''$,则不能定出 mn 和 $m'n'$。

③ 棱面内点——如已知△SAB 棱面上 G 点的投影 g',则可过 G 点,先作辅助线如 H 面平行线 GF,由它们与 SB 的交点 F 来定出辅助线的 H 面投影,从而作出 g、g''。

7.2　平面立体的表面展开

在工程上,经常碰到求解物体内外表面积的大小,这就要求画出表面展开图形。如大型容器的制作,是由钢板折卷、焊接而成——这就需要表面展开图并依据它在钢板上放线等。又如暖通设备上的一些管道,是由白铁皮制成的,事先也必须画出管道的表面展开图。

立体的表面展开,就是将立体的所有表面,按其实际形状和大小,顺次表示在一个平面上。展开后所得的图形,称为立体表面展开图,简称展开图。

例:五棱锥表面展开图

图 7-7(b)为图 7-7(a)中正五棱锥的表面展开图。底面的实形可由反映其实形的 H 面投影来画出,如图 7-7(b)所示。五个侧面为形状和大小相同的五个三角形,五条长短相等的底边为 H 面投影中如 ab 的长度,所有侧棱的长度等于反映 SA 实长的 $s''a''$。若图 7-7 中未画出 W 面投影,则可用其他方法(如投影变换)求出棱线的实长。

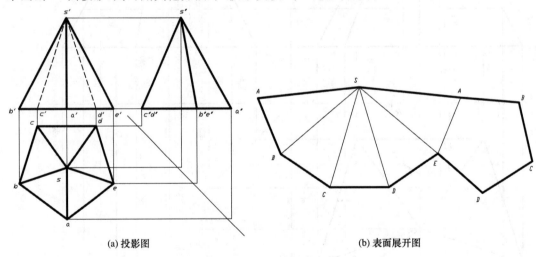

| (a) 投影图 | (b) 表面展开图 |

图 7-7　五棱锥表面展开图

展开图中最外边界线用粗实线表示,其余对应于各棱线的线条用细实线表示。展开图中最外边界线有长短时,一般应取最短的一些棱线,以便在工程中最后拼接成一个立体表面时,可以节省连接的材料。但若有时取较长的棱线可以节省材料或便于施工时,则属例外。

复习思考题

1. 投影图上是怎样表示立体的？

2. 我们生活在三维世界里，看到的物体具有三维特性，而投影图是二维的，两者之间的转换遵循什么规律？

3. 在忽略细部的前提下，我们周围的许多物体都可以被看作平面立体。请举若干例子。

4. 抽象几何要素——点、线、面、体在投影表达上所遵循的规律是否相同？还是各有特点？

5. 抽象几何要素——点、线、面、体的所有投影表达规律是否可以（或主要是）由直线的投影规律来表示？

6. 我们所说的基本立体是表面立体还是实心立体（即立体内部是否具有均匀的介质）？为什么？

8　平面立体相交

平面立体中棱柱和棱锥是最基本的几何体,也是应用最为广泛的几何体。在我们的日常生活中、在建筑工程中、在机械工程中、在艺术设计等领域,这样的例子比比皆是。生活中的家具、房屋等建筑形体的外形、机械零件、工艺艺术品等,它们有的本身就是棱柱或棱锥,更多的是棱柱棱锥经过叠加、截切和相交等方法组合而成的组合体。

图 8-1(a)为一幢现代化高层建筑,它的两边的形体可以抽象为截去一角的三棱柱。

图 8-1(b)是一幢小房子,忽略细节,可以认为是两个五棱柱相互贯穿。

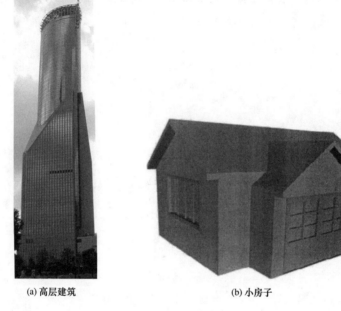

(a) 高层建筑　　　　　　　　　　(b) 小房子

图 8-1　平面立体

8.1　平面与平面立体相交

8.1.1　平面立体的截交线

（1）截交线

平面与立体相交,可视为立体被平面截断,该平面称为截平面。截平面与立体表面的交线,称为截交线,截交线所围成的平面图形,称为截断面,如图 8-2 所示。

因为平面立体的表面由一些平面组成,所以平面立体的截交线必为一条封闭的平面折线。其中,折线段为棱面与截平面的交线,称为截交线段,转折点为平面立体的棱线与截平面的交点,称为截交点。

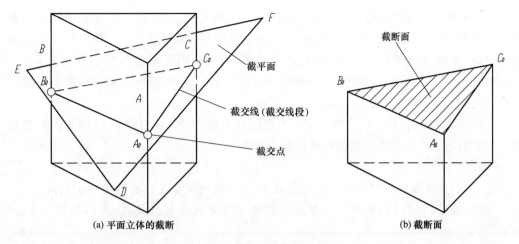

(a) 平面立体的截断   (b) 截断面

图 8-2 平面与平面立体相交

投影图中,平面与立体相交时所要解决的问题,是根据平面和立体的投影,求出截交线的投影、截断面的实形和截断后立体表面的展开图等。

(2) 截交线作法

平面立体截交线的作图步骤,一般有以下两种:

① 先求出各棱线与截平面交得的截交点,然后把位于同一棱面的两截交点连成截交线段,最终即可组成截交线。

② 直接求出各棱面与截平面交得的截交线段来组成截交线。

因此,求平面立体的截交线,实质上就是求直线与平面的交点,或者求两平面的交线。

8.1.2 截交线作法举例

例 8-1 如图 8-3(a)所示,求直三棱柱 ABC 与一般位置平面△DEF 相交时的截交线投影。

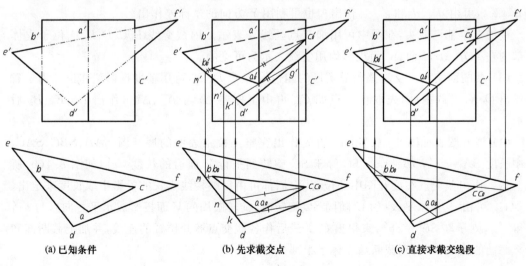

(a) 已知条件   (b) 先求截交点   (c) 直接求截交线段

图 8-3 三棱柱的截断

解 （1）截交线形状分析。由于 H 面投影中，三棱柱的投影 $\triangle abc$ 位于截平面的投影 $\triangle def$ 的范围内，且在 V 面投影中三棱柱上下两端的投影伸出 $\triangle d'e'f'$。故明显整个三棱柱被 $\triangle DEF$ 所截，故 $\triangle DEF$ 仅与三棱柱的三个侧面相交，因而截交线是一个 $\triangle A_0 B_0 C_0$。其中，截交点 A_0、B_0、C_0 是三棱柱的三条侧棱 A、B、C 与 $\triangle DEF$ 的交点，截交线段是三棱柱的三个侧面与 $\triangle DEF$ 的交线。

（2）截交线 H 面投影。因三棱柱的三个侧面均垂直 H 面，故它们的 H 面投影具有积聚性，即截交线的 H 面投影与这些积聚投影重合。

（3）截交线 V 面投影。

求法一：利用棱线的积聚性——即先求截交点，再连成截交线。如图 8-3(b) 所示。

求法二：利用棱面的积聚性——即直接求出各截交线段来组成截交线，如图 8-3(c) 所示。

（4）可见性。仅 V 面投影需要判断。因 $A_0 B_0$、$A_0 C_0$ 分别位于可见棱面 AB 及 AC 上而可见，故 $a_0' b_0'$、$a_0' c_0'$ 画成实线；因 $B_0 C_0$ 位于后方不可见棱面 BC 上而不可见，故 $b_0' c_0'$ 画成虚线。

例 8-2 如图 8-4(a) 所示，求三棱锥被 V 面垂直面截断后下半部分的三面投影、截断面实形和下半部分立体的表面展开图。

解 （1）截交线形状分析。如图 8-4(a) 所示，因截平面与 $s'b'$、$s'c'$ 及底面的 V 面投影 $a'b'c'$ 相交，可知截平面与三个棱面和底面相交成四边形，不与棱线 SA 和底边 BC 相交。

（2）截交线投影求法。因截平面有积聚性，故截交点 B_0、C_0、D_0 和 E_0 的 V 面投影 b_0'、c_0'、d_0' 和 e_0' 可直接求出。

然后按照直线上点的投影作法，可求出各截交点的 H 面及 W 面投影，如图 8-4(b) 所示。其中 b_0 可利用 $\triangle SBC$ 上一条水平辅助线 $B_0 C_B$ 来求出。即由 b_0' 作水平线 $b_0' c_B'$，求出 c_B'、c_B，再作 $c_B b_0 \parallel cb$，与 sb 交得 b_0。也可由 b_0' 作水平连系线，与 $s''b''$ 交得 b_0''，由 b_0'' 求 b_0。至于 d_0''、e_0''，可由 d_0'、d_0 和 e_0'、e_0 作出。也可利用 Y 方向的坐标差作出。

棱锥上半部已截去，在图中可用细双点画线来表示。因截交线 $B_0 C_0 D_0 E_0 B_0$ 位于立体下部的左上方，故 H 面、W 面投影均用实线表示为可见的。

（3）截断面实形。反映截断面实形的四边形 $B_0 C_0 D_0 E_0$，可用辅助投影法作出。为了省略作出 $O_1 X_1 \parallel$ 截平面，先取任一点如 C_0，再由坐标差 ΔY_3、ΔY_2、ΔY_1，作出 D_0、E_0、B_0 后连成。

（4）展开图。如图 8-4(c) 所示，首先作出完整三棱锥表面的展开图 SAB、SBC、SAC，其中长度 $SA = s'a'$，$SB = s''b''$，SC 等于 SC 旋转到平行 V 面后的长度 $s'c_1'$，如图 8-4(b) 所示。然后作出截交点在展开图中的位置，它们都可由反映棱线实长的投影中取长度来定出。例如 C_0，可由 c_0' 作水平线（因 C_0 随同 SC 旋转时，旋转圆周的 V 面投影成水平方向），与 $s'c_1'$ 交得 c_{01}'，则量取 $SC_0 = s'c_{01}'$ 来得出 C_0。最后作各截交点展开位置的连线，并加上截断面和余下底面的实形，即得到截断后立体下半部分的展开图。

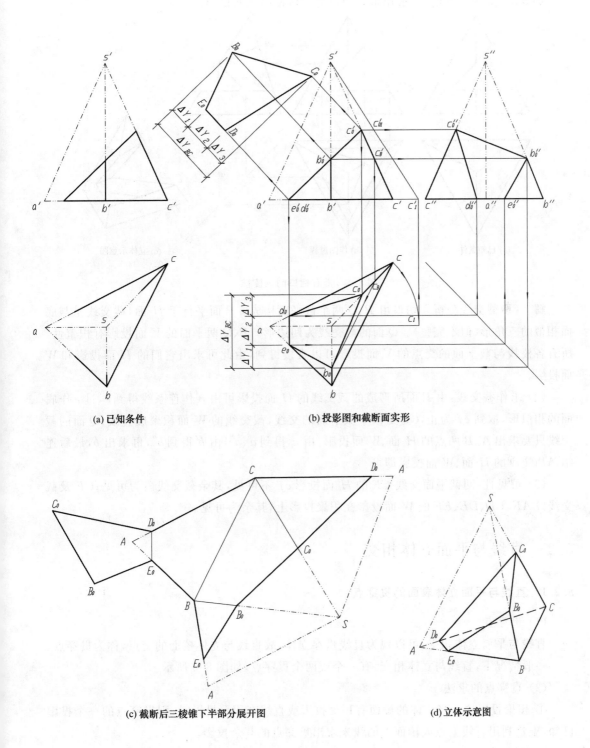

(a) 已知条件

(b) 投影图和截断面实形

(c) 截断后三棱锥下半部分展开图

(d) 立体示意图

图 8-4 三棱锥的截断

例 8-3 如图 8-5 所示,求作带有切口的三棱锥的三面投影。

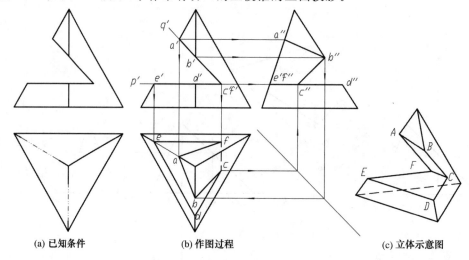

(a) 已知条件　　　　　　(b) 作图过程　　　　　　(c) 立体示意图

图 8-5　带有切口的三棱锥

解 (1)截交线分析。切口由 P、Q 两个截平面构成。P 面平行于 H 面,截交线是与底面相似的三角形(但不完整)。Q 面的截交线为四边形。P、Q 两平面的 V 面投影有积聚性,所有各棱线与截平面的交点的 V 面投影可以直接得到,由此可求出它们的 H 面投影和 W 面投影。

(2)求作截交线:由 P 面所形成的截交线的 H 面投影可由 e' 作连系线得到 e,过 e 作底面的相似形,取到 cf 为止,CF 是两个截平面的交线,截交线的 W 面积聚成直线;Q 面的截交线只要求出 A、B 两点的 H 面、W 面投影,由 a' 得到 a、a'',由 b' 得到 b'',再求出 b,最后连结 $ABCFA$ 的 H 面、W 面投影即可。

(3)可见性:两截平面交线 CF 的 H 面投影 cf 不可见,其余截交线段为可见;CF 及截交线段 AF、CD、DE、EF 的 W 面投影在积聚投影上,其余为可见。

8.2　直线与平面立体相交

8.2.1　直线与平面立体表面的贯穿点

(1) 贯穿点

直线与平面立体相交,可以视为直线贯穿立体,故直线与立体棱面的交点,称为贯穿点。一般情况下,直线与立体相交,有一个或两个贯穿点,如图 8-6 所示。

(2) 贯穿点的求法

① 积聚投影法。当立体的棱面有积聚投影或直线有积聚投影时,则贯穿点的一个投影已知,于是利用直线上点或棱面上的线来求出贯穿点的其余投影。

② 辅助平面法。过已知直线作一辅助平面,求出辅助平面与已知立体棱面的辅助截交线,则辅助截交线与已知直线的交点,即为所求的贯穿点。

③ 投影变换法。利用投影变换中的辅助投影面法和旋转法来使得立体棱面或直线具

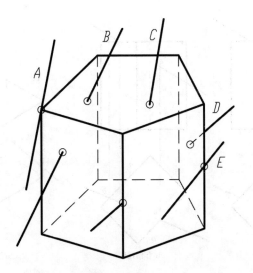

图 8-6 不同位置的直线与平面立体相交

有积聚投影,或者使得辅助平面法中能反映辅助截交线的实形等。

（3）贯穿点的可见性

直线穿入立体内部的一段,可视为与立体融合,故不必画出,必要时用细实线或细双点画线表示。

位于立体外部的直线段,其投影又在立体的投影范围以外的部分,则观看时由于没有被立体遮住而为可见,其投影应画成实线,而直线投影在立体投影内的部分,则其可见性由贯穿点的可见性来确定,而贯穿点的可见性取决于立体棱面的可见性。于是,当贯穿点可见时,贯穿点附近的直线段也是可见的,其投影应画成实线;反之,当贯穿点不可见时,则贯穿点旁边的直线段也不可见,应该把该贯穿点到立体的投影外形线之间的直线段投影画成虚线。

此外,可根据贯穿点所在的直线段与立体棱面上棱线、外形线相交成的重影点的可见性来判断。

8.2.2 平面立体的贯穿点

例 8-4 如图 8-7 所示,求直线 L 与四棱柱的贯穿点。

解 H 面投影中:l 与立体的前后两侧面 P、Q 的积聚投影 p、q 交于 a、b 两点,故 L 可能与 P、Q 相交。由 a、b 作连系线,在 l' 上定出 a'、b' 点。因 a' 在 P 面的 V 面投影 p' 范围内,故点 A 是贯穿点。但 b' 已越出 Q 面的 V 面投影 q' 范围,故直线 L 不与 Q 面相交。

根据 l' 与顶面 R 的积聚投影 r' 相交于 c' 点,求出 c,因 c 在 R 的 H 面投影 r 范围内,故直线 L 与 R 面相交于 C 点。

图中 a'、c 均在可见的 p' 和 r 上,故贯穿点到相应的投影外形线之间的直线段均可见。

例 8-5 如图 8-8 所示,求直线 L 与二棱锥的贯穿点。

解 过 L 作辅助平面 P 垂直投影面 H,则 p 与 l 重合,p 与三棱锥的辅助截交线也与 p 重合。利用 p 与各棱线投影的交点 a、b、c,可求出辅助截交线的 V 面投影 $a'b'$、$b'c'$,l' 与它们的交点 l_1' 和 l_2',即为贯穿点 L_1、L_2 的 V 面投影,由之可求出贯穿点的 H 面投影 l_1、l_2。

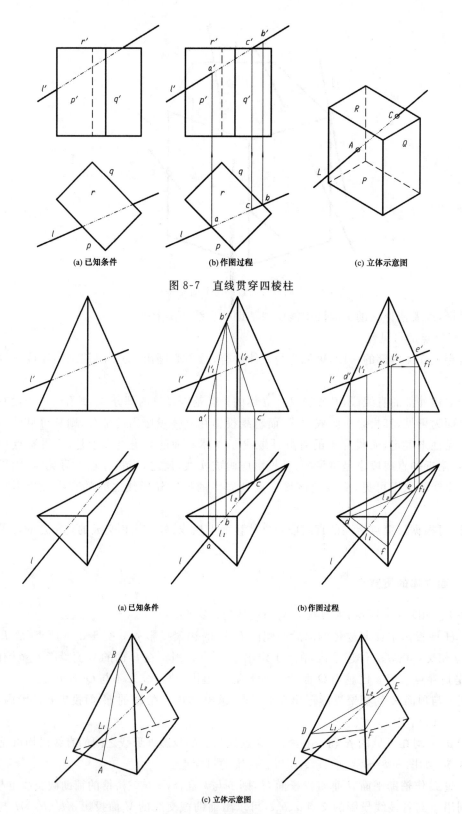

(a) 已知条件　　　　　　　　(b) 作图过程　　　　　　　　(c) 立体示意图

图 8-7　直线贯穿四棱柱

(a) 已知条件　　　　　　　　　　　(b) 作图过程

(c) 立体示意图

图 8-8　直线贯穿三棱锥

也可通过 L 作垂直于 V 面的辅助截平面 Q，求出与三棱锥的辅助截交线的 H 面投影 de、df，与 l 交得贯穿点 L_1、L_2 的 H 面投影 l_1、l_2，由之求出 V 面投影 l_1'、l_2'。

对 H 面投影而言，各侧棱面均为可见的，即贯穿点亦均为可见，因而贯穿点以外的 L 均为可见，故贯穿点的投影之外的 l 均画成实线。

V 面投影中，因 L_2 位于后方不可见棱面上，故靠近 L_2 点一段直线 L 为不可见，因而靠近 l_2' 的位于立体的投影范围内的一段 l' 画成虚线。

8.3 两平面立体相交

8.3.1 两平面立体的相贯线

（1）相贯线

两立体相交，又称为两立体相贯。相交的立体则称为相贯体。相交两立体棱面的交线称为相贯线。相贯线上的转折点则称为相贯点（相当于贯穿点）。当一个立体全部贯穿另一个立体时，称为全贯，一般情况下有两组相贯线，如图 8-9(a)所示，但全贯时也可以只有一组相贯线，如图 8-9(c)所示；当两个立体相互贯穿时，称为半贯或互贯，则产生一组相贯线，如图 8-9(b)所示。

相贯线大多是闭合的，如图 8-9(a)、(b)、(c)所示，也可以是不闭合的，如图 8-9(d)所示。

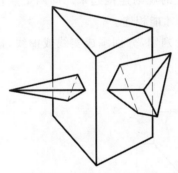

(a) 全贯时两组相贯线(闭合平面折线)

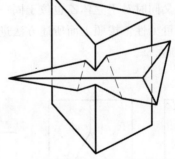

(b) 半贯时有一组相贯线(闭合空间折线)

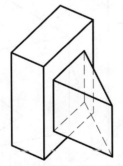

(c) 全贯时的一组相贯线（闭合平面折线）

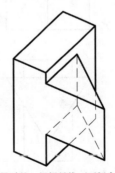

(d) 相贯时的一组相贯线（不闭合平面折线）

图 8-9　两平面立体相交

两平面立体的相贯线,可为空间折线,也可为平面折线。组成相贯线的折线段,称为相贯线段,为两个平面立体的有关两棱面的交线。折线段中的转折点,为一个立体的棱线与另一个立体的棱面或棱线的贯穿点即相贯点。

两立体可视为一个整体,因而一个立体位于另一个立体内部的部分相融合而不复区分。必要时,可用细实线或细双点画线表示。

（2）相贯线作法

平面立体相贯线的作图步骤,一般有以下两种作法:

① 先求相贯点,再连成相贯线。

② 直接求出相贯线段。

因此,求两平面立体的相贯线,实质上是求直线与平面的交点和两棱面的交线。

（3）相贯线的可见性

相贯线的可见性,由相贯线段的可见性表示。每条相贯线段只有当它所在的两棱面同时可见时,才是可见的。即每条相贯线段的可见性,取决于它所在的、分属于两个立体的两个棱面的可见性。若其中一个棱面不可见,或两个棱面均不可见,则这条相贯线段就不可见。可见和不可见的分界点,必是某平面立体的投影最外轮廓线上的相贯点。

对于初学者来说,第一种方法比较容易掌握,可按如下步骤进行作图:

第一步,求出所有的贯穿点。包括立体甲的棱线对立体乙的贯穿点,立体乙的棱线对立体甲的贯穿点,缺一不可。

第二步,连线。将所求得的贯穿点按照"同面相连"的规则连接起来。即两个点在立体甲位于同一棱面,又同时对于立体乙也位于同一棱面时才能相连。

第三步,判别可见性。按照上面所述方法进行逐段判别,分别画成实线或虚线,最后再将立体的轮廓线画完整。

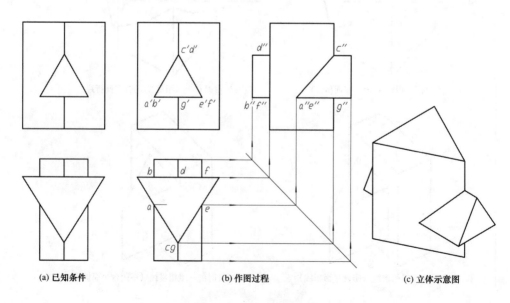

(a) 已知条件　　　　　　　(b) 作图过程　　　　　　　(c) 立体示意图

图 8-10　两三棱柱相贯

8.3.2 相贯线作法举例

例 8-6 如图 8-10(a)所示,求两个三棱柱的相贯线。

解 (1)相贯线分析。

由 V 面投影显示,水平三棱柱位于直立三棱柱范围之内,由 H 面投影显示,水平三棱柱的两端伸出直立三棱柱之外,水平三棱柱完全穿入直立三棱柱,形成前后两组相贯线。其中后方一组位于直立三棱柱后方的一个棱面上,故成为平面折线;前方一组位于直立三棱柱的两个棱面及水平三棱柱的三个棱面上,故成为空间折线。由于这两个三棱柱分别垂直于 H 面和 V 面,因而这两个三棱柱的侧面及侧棱的 H 面及 V 面投影分别有积聚性,即位于这些侧面的各相贯线段及侧棱上的各个相贯点的 H 面、V 面投影均为已知,故只需作出相贯线的 W 面投影。

(2)相贯线的作法。

第一步,求出所有的贯穿点。水平棱柱的三条棱线对于直立棱柱均有贯穿,产生六个贯穿点 A、B、C、D、E、F,它们的 H 面、V 面投影为已知,据此求出 W 面投影。直立棱柱的中间一条棱线对于水平棱柱有贯穿,应有两个贯穿点,上方一个与 C 点重合,不需另求,下方一个为 G 点,求出其 W 面投影。共有七个贯穿点。

第二步,连线。可以在已知的积聚投影中找出连接的顺序。后面一组只有三个点,且共面,只有一种连法。前面一组是空间折线,连点要遵循"同面相连"的规则。任取一个贯穿点,如 A 点,从 H、V 面投影可以看出,它只能连 C 点或 G 点,假定连 C 点,可以看到直线 AC 对于水平三棱柱位于其左斜棱面上,对于直立三棱柱也位于其左侧棱面上,也就是说对于两个立体都是同面。依次找到连点顺序 $A—C—E—G—A$。画出 W 面投影。

第三步,判别可见性。因两立体左右对称,故相贯线亦左右对称,因而可见部分和不可见部分的 W 面投影重影,仍画成实线。

例 8-7 如图 8-11(a)所示,求正三棱锥与三棱柱的相贯线。

解 (1)相贯线分析。从投影图可知,两个立体中没有一个完全穿过另外一个,因而成为相互贯穿,只有一组相贯线。由于三棱柱的 V 面投影有积聚性,相贯线也积聚在上面,不需求作。只需求作相贯线的 H 面、W 面投影。

(2)相贯线的作法。

第一步:求出所有的贯穿点。三棱柱的 L 和 M 两条棱线对于三棱锥没有贯穿,只有 N 棱线有贯穿,产生两个贯穿点 F 和 I,可以包含该棱线作一辅助平面平行 H 面,其截交线的 H 面投影和该棱线的 H 面投影的交点即为所求,再由连系线求出 W 面投影。也可以不作辅助面而利用积聚投影求出交点。三棱锥的棱线 SC 没有贯穿三棱柱,另两条棱线 SA 和 SB 均贯穿三棱柱,有四个交点 D、H 和 E、G。其求作方法就是求直线与三棱柱的贯穿点,直接由 d'、h' 作连系线求出 d、h 和 d''、h''。由 e'、g' 先求出 e''、g'' 再作出 e、g。共有六个贯穿点。

第二步,连线。可以在已知的积聚投影中找出连接的顺序。相贯线是一组空间折线,连点要遵循"同面相连"的规则。任取一个贯穿点,如 D 点,从 H 面、V 面投影可以看出,它只能连 E 点及 I 点。假定连 E 点,可以看到直线 DE 对于三棱柱位于其右斜棱面上,对于三棱锥是位于其棱面 SAB 上,也就是说对于两个立体都是同面。依次找到连点顺序 $D—E—$

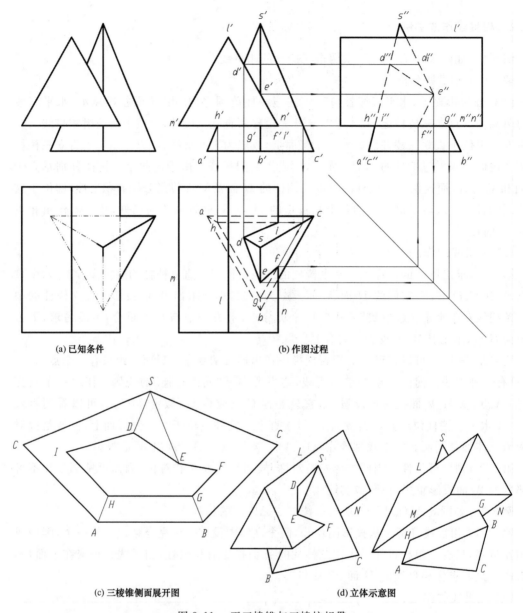

(a) 已知条件　　　　　　　　　　(b) 作图过程

(c) 三棱锥侧面展开图　　　　　　(d) 立体示意图

图 8-11　正三棱锥与三棱柱相贯

$F—G—H—I—D$,分别连出相贯线的 H 面投影和 W 面投影。

　　第三步:判别可见性。要逐段判别,H 面:如 DE 的 H 面投影,它所在的三棱锥棱面 SAB 的 H 面投影为可见,它所在的三棱柱棱面的 H 面投影也可见,故 de 是可见的,画成实线。用同样的方法判断出各段的可见性。W 面:各相贯线段除了位于三棱柱的水平棱面和三棱锥的背面上有积聚投影外,DE、EF 均位于三棱柱不可见的右斜棱面上,因此它们的 W 面投影不可见而画成虚线。

　　(3)展开图:图 8-11(c)为相贯后三棱锥侧面的展开图。其作法是:先作完整的三棱锥的侧面展开图,再定出各相贯点在展开图中的位置,最后连得展开图中的相贯线段。其中: $GB=g''b''$, $SE=s''e''$, $SH=SG=s''g''$, $SD=s''d_1''$,(旋转法原理),$FG=fg$,且 $FG//BC$,HI

— 96 —

$=hi$,且 $HI // AC$。

例 8-8 作如图 8-12(a)所示房屋的相贯线。

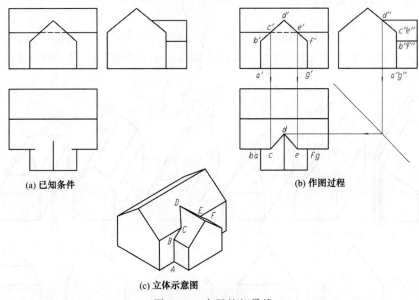

(a) 已知条件　　　　　　　　　(b) 作图过程

(c) 立体示意图

图 8-12　房屋的相贯线

解　(1) 相贯线分析。此房屋是两个五棱柱相贯。由于两个相贯的五棱柱并不是前后贯通的,所以只在前面有一组相贯线。又因为这两个五棱柱下面的水平棱面在同一个平面上,所以它们的相贯线是一条不封闭的空间折线。V 面和 W 面投影都有积聚性,只需求作 H 面投影。

(2) 相贯线的作法。

第一步,求出所有的贯穿点。小五棱柱的五条棱线对大五棱柱均贯穿,有五个贯穿点 A、B、D、F、G。大五棱柱只有前方一条棱线对小五棱柱有贯穿,得到两个贯穿点 C、E。共七个贯穿点。可以根据积聚投影求出它们的 H 面投影。

第二步,连线。可以在已知的积聚投影中找出连点的顺序为 A—B—C—D—E—F—G。连出 H 面投影。

第三步,判别可见性。H 面:AB、FG 积聚,BC、EF 在大五棱柱垂直 H 面的前方面的积聚投影上,CD、DE 可见。

8.4　坡顶屋面的投影

坡顶屋面的作图是在已知房屋的水平投影和屋面的坡度后,求作屋面交线和屋面外形的投影。

坡顶屋面最下面的水平边称为檐口。整个屋面由多个平面组成,两平面交于凸角的交线称为屋脊,两平面交于凹角的交线称为天沟,视交线与投影面的位置分为平脊、斜脊、平沟和斜沟。脊是分水的,即雨水的流向是离开它;沟是聚水的,即雨水的流向是朝向它。在屋面设计中,为了排水的需要,可以产生平脊、斜脊和斜沟,但一般不允许产生平沟。

一般常用的坡顶屋面有以下几种。

8.4.1　水平投影为矩形的屋面

如图 8-13 所示为常用的具有矩形水平投影的屋面，箭头所指方向为落水方向，有阴影线的地方，表示有相邻的房屋，没有雨水流向它。单坡屋面适合于添加小房子，其他均可适用于独立式房屋。

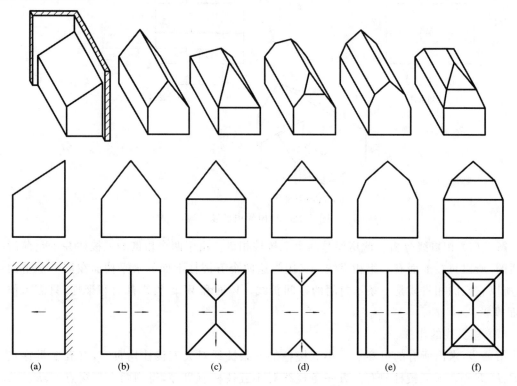

图 8-13　具有矩形水平投影的屋面

8.4.2　水平投影具有转角的屋面

如图 8-14 所示为常用的水平投影具有转角的屋面，箭头所指方向为落水方向，有阴影线的地方，表示有相邻的房屋，没有雨水流向它。其中，图 8-14(b)中的屋面具有闭合的水平檐口，且每个屋面的坡度都相等，具有这种特征的屋面称为同坡屋面。

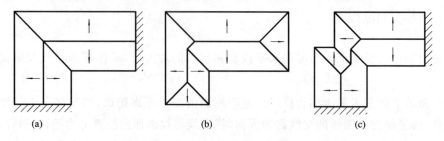

图 8-14　水平投影具有转角的屋面

（1）同坡屋面。

已知同坡屋面屋檐的 H 面投影和屋面的倾角，求作屋面的交线来完成同坡屋面的投影图，可视为特殊形式的平面立体相贯。

（2）屋面交线的投影特性。

① 屋檐平行的两屋面必相交成平脊或平沟。它的 H 面投影，必平行于屋檐的 H 面投影，且与两屋檐的 H 面投影等距。如图 8-15(a) 所示，屋面 P 和 Q 所交成的平脊 B 的 H 面投影 b，平行屋檐 C、D 的 H 面投影 c、d，且与 c、d 等距。因为由 V 面投影可知，三角形 $b'b'_1c'$ 与三角形 $b'b'_1d'$ 全等，故 $c'b'_1 = b'_1d' = 1$，即 b'_1 为 $c'd'$ 的中点，故 b 与 c、d 等距。

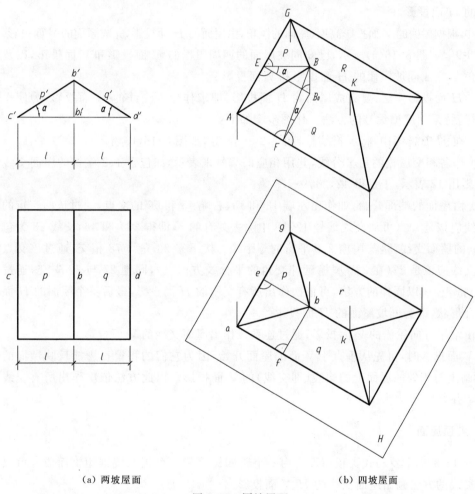

（a）两坡屋面 　　　　　　　　（b）四坡屋面

图 8-15　同坡屋面

② 屋檐相交的两屋面必相交成斜脊或斜沟

斜脊或斜沟的 H 面投影为两相交屋檐 H 面投影的夹角平分线。如图 8-15(b) 所示，屋面 P 和 Q 的屋檐交于 A 点，则交线 AB 必通过该点。

从 B 点向每条屋檐作垂线，即 $BE \perp AE$ 和 $BF \perp AF$，又自 B 点作屋檐平面的垂线，得垂足 B_0，B_0 相当于 B 点在屋檐平面上的正投影。故 $B_0E \perp AE$，$B_0F \perp AF$，BE、BF 的倾角即为屋面的倾角 α。由于直角三角形 $\triangle BB_0E \cong \triangle BB_0F$，因它们共有一直角边 BB_0，且 $\angle E$

$=\angle F=\alpha$，故 $B_0E=B_0F$。于是具有同一条斜边 AB_0 的 $\triangle B_0AE\cong\triangle B_0AF$，因而 $\angle B_0AE=\angle B_0AF$。即在 H 面投影中，$\angle bae=\angle baf$，故交线的 H 面投影 ab 为两屋檐的 H 面投影 eaf 的夹角平分线。

③ 屋面上如有两条交线交于一点，则还有第三条线通过该交点。设 P、R 两屋面的交线 BG，与 PQ 两屋面的交线 AB 交于一点 B，则 B 点必为 P、Q、R 三面的共点，故亦为 Q、R 两屋面交线上的点，即 Q、R 屋面的交线 BK 也通过 B 点。

(3) 求作同坡屋面投影的步骤：

① 先根据屋檐的 H 面投影，按屋面交线的投影特性，求出交线的 H 面投影，即完成同坡屋面的 H 面投影。

② 再根据屋檐的 V 面投影高度、屋面的倾角，由屋面的 H 面投影，完成屋面的 V 面投影。

例 8-9 如图 8-16(a)所示，已知同坡屋面的四周屋檐的 H 面投影和 V 面投影，以及屋面的倾角 α，完成同坡屋面的 H 面投影和 V 面投影。

解 H 面投影作法：要完成屋面的 H 面投影，即求作屋面交线的 H 面投影，为使作图较有规律，特采用屋檐编号的方法。作图步骤如下：

(1) 在 H 面投影中，将屋檐编号，如 $1,2,\cdots,8$ 等，如图 8-16(b)所示。

(2) 作各相交屋檐的角平分线，并用相应的编号来表示，如包含 1、2 屋檐的屋面交线的 H 面投影用 12 表示，于是得 $12,23,\cdots,18$ 等。

(3) 由屋面的端部开始，如作出左端 12 和 18、右端 45 和 56 的交点，通过该两交点的第三条交线应该是 28（可从交线编号 12、18 中除去共有的 1，即得 28）和 46，交线 28 为包含 2、8 屋檐的屋面交线，是与屋檐 2、8 平行的等距线。接下来 28 先与 78 相交，通过该交点的第三条交线应该是 27（在 2、7 屋檐延伸交角的平分线方向上），同理 27 与 23 先交，通过该交点得到 37……以同样的方法，可依次作出所有交线的 H 面投影，最后整个屋面的 H 面投影呈闭合形状，即为同坡屋面的 H 面投影。

再由水平方向屋檐的 V 面投影，通过连系线作出屋面交线的 V 面投影。

作 V 面投影时，可先从垂直于 V 面的屋面开始，因为它们的积聚投影能反映屋面的倾角 α，再画出与相邻的屋面上的边线（即交线）的 V 面投影。以此方法依次作出所有交线的 V 面投影并判别可见性。

8.4.3 尖顶屋面

图 8-17 是一个罗马式尖顶屋面。由一个正四棱锥和一个正八棱锥相贯而成。可以按照求相贯线的方法画出屋面交线的 H、V 面投影。

求法如下：

先求出所有的贯穿点。四棱锥的四条棱线对八棱锥均贯穿，有四个贯穿点。由于相贯线前后左右对称，只需求作一个即可。通过棱线 SA 作垂直 H 面的辅助面，求出它与八棱锥的一段截交线的 V 面投影 $o'd'$，$o'd'$ 与 $s'a'$ 相交于 e'，再求出 e，E 点即为 SA 与八棱锥的贯穿点。八棱锥对于四棱锥有 8 个贯穿点，也只需求作一个，棱线 OB 与四棱锥的贯穿点 F 的 V 面投影 f' 可直接求得，再由 V 面投影作连系线得到其 H 面投影 f。按对称性作出其他各点，最后连线即可。H 面均为可见。再作出 V 面投影。

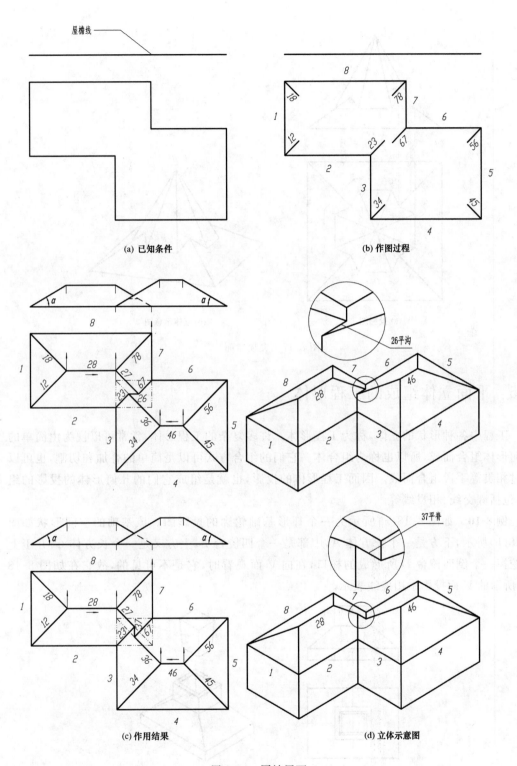

(a) 已知条件

(b) 作图过程

(c) 作用结果

(d) 立体示意图

图 8-16　同坡屋面

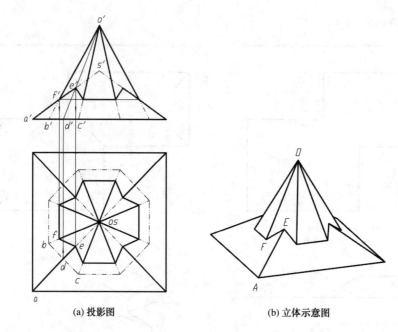

(a) 投影图   (b) 立体示意图

图 8-17   尖顶屋面

8.5　平面立体组成的工程形体

工程中各种形状的立体,称为工程形体。许多复杂的工程形体,常常可以视为由简单的几何形体组合而成,所以也称为组合体。它们的组合方式可以是简单的叠加和切割,也可以通过相贯等手段组合而成。因而工程形体的投影,也就是组成它们的几何形体的投影的组合,包括截交线、相贯线等。

例 8-10　如图 8-18(a)所示为一个杯形基础轮廓的投影图。该基础的空间形状如图 8-18(b)所示,下方是一个长方体 A,中部是一个四棱台 B,上方又是一个长方体 C;并于上部挖掉一个倒四棱台 D 所形成的杯口,在向 V 面观看时,它是不可见的,故它在如图 8-18(a)所示的 V 面投影中用虚线表示。

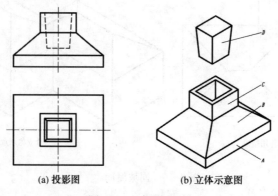

(a) 投影图   (b) 立体示意图

图 8-18   杯形基础

例 8-11　如图 8-19(a)所示为一幢房屋外形轮廓的投影图,可以分解为 A、B、C、D 四个五棱柱,A、B、C 三者是简单叠加,C 与 D 相贯。需注意的是 A、B、C 三者叠加后,前后倾斜的屋面是同一个平面,它们之间没有交线。图 8-19(a)为三面投影图,图 8-19(b)是立体示意图。

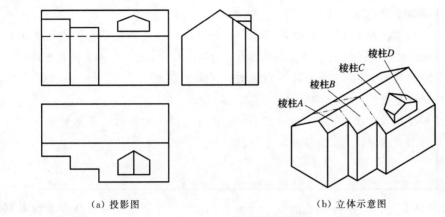

(a) 投影图　　　　　　　　　　(b) 立体示意图

图 8-19　房屋的外形轮廓

例 8-12　如图 8-20 所示为一幢高层建筑的外形轮廓,主体可以分解为上下两个四棱柱和一个四棱锥顶,中间连接部分由若干三棱柱和三棱锥组成。形体前后、左右对称。图 8-20(a)为两面投影图,图 8-20(b)是立体示意图。

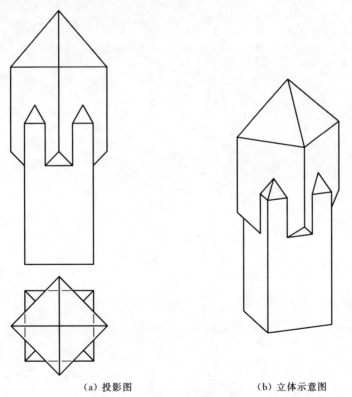

(a) 投影图　　　　　　　　　　(b) 立体示意图

图 8-20　高层建筑的外形轮廓

复习思考题

1. 怎样作平面立体的截交线并判别可见性?

2. 怎样作平面立体的相贯线并判别可见性?

3. 在两个平面立体相交中,什么情况下有一组相贯线? 什么情况下有两组相贯线?

4. 在两个平面立体相交中,什么情况下相贯线是封闭的? 什么情况下相贯线是开放的?

5. 图 8-5 中的切口和图 8-11 中的相贯体有何区别和联系?

6. 什么叫同坡屋面? 如何求作同坡屋面交线?

7. 用棱柱和棱锥通过叠加、截切和相贯等方法设计构造工程形体的外形轮廓。

8. 设计各种形式的坡屋面,并画出其投影图。

9. 是非题

(1) 平面与平面立体的截交线全部由直线组成。( )

(2) 平面立体与平面立体的相贯线可以全部由直线组成,也可以由直线和曲线共同组成。( )

(3) 相贯线段只要在一个立体的可见表面上就是可见的。( )

(4) 只要坡度相同的屋面就是同坡屋面。( )

9 曲 线

曲线对于我们并不陌生。在日常生活中与我们处处相伴的圆圈、圆环、轮子、方向盘等都是圆曲线。行星的运动轨迹是椭圆。向远方扔掷物体时，其轨迹是一条抛物线。当我们登高俯视我们的城市时，放眼望去那四通八达逶迤起伏的高架道路就是一条条漂亮的曲线。图 9-1 是高架道路的一个交叉口。

图 9-1　立交桥

9.1　曲线的一般知识

9.1.1　曲线的形成和分类

曲线可以视为一点连续运动的轨迹，也可以视为一系列点的集合（图 9-2(a)，(b)）。一条曲线可用一个字母或线上一些点的字母来标注。如图 9-2(a)中曲线可用一个字母 L 或用点的字母 A，B，……标注。

（1）曲线

规则曲线：如圆周、椭圆、正弦曲线和螺旋线等；

不规则曲线：如在地形图上表示不平地面时，利用地面上高度相等的点连成的等高线。

（2）分类

曲线可分为平面曲线和空间曲线。平面曲线，曲线上所有的点都在同一平面内（图 9-2

(b)、(c)),例如,圆周、椭圆和等高线等;空间曲线,曲线上各点不全在同一平面内(图 9-2 (a)),例如,螺旋线。

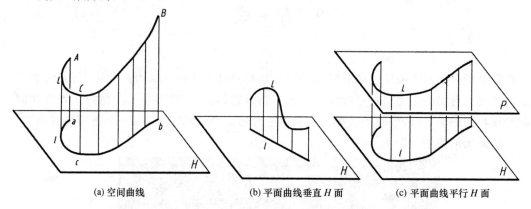

图 9-2　曲线及其形成

9.1.2　曲线的投影

(1) 曲线的投影和曲线上点的投影。曲线的投影为曲线上一系列点的投影的集合。曲线上任一点的投影,必在曲线的同名投影上。如图 9-2(a)所示,曲线 L 在投影面 H 上的投影 l,为 L 上各点 A,B……H 面投影 a,b……的集合。因而,曲线上任一点 A 的 H 面投影 a,在曲线的 H 面投影 l 上。

(2) 曲线的投影的作法之一。可作出曲线上一系列点的投影来连成。

(3) 曲线的投影形状。一般情况下,曲线的投影仍是曲线。如图 9-2(a)所示,过曲线上 A,B,……的投射线 Aa,Bb,……组成一个曲面,称为投射曲面。它与 H 面的交线 l,包含了各点的投影 a,b……,故交线 l 为曲线 L 的投影。由于投射曲面与投影面 H 相交于一条曲线,故曲线的投影仍是曲线。规则曲线的投影往往是有规则的。

平面曲线尚有下列特性:

(1) 若平面曲线所在平面垂直于某投影面,则在该投影面的投影成为一条直线,如图 9-2(b)所示。这时的投射曲面已成为一个投射平面,与投影面交成为一条直线。

(2) 平面曲线所在平面如平行于某投影面,则曲线在该投影面上的投影反映实形,如图 9-2(c)所示。在任何情况下,空间曲线的投影不能成为一条直线,也无所谓投影能反映实形。

9.1.3　曲线的投影图

在投影图中,当曲线的投影上注出一些足以确定曲线形状的点的字母时,则由任意两个投影即可表示一条曲线,如图 9-3(a)所示。但若该图不注出曲线端点的字母 $A(a,a')$、$E(e,e')$,则对应于 a' 的 A 点,它的 H 面投影是在位置 a 还是 e 就不能确定。另外,还应注出重影点 B、D 和一些中间点 C 等投影的字母。

某些曲线的投影,可以不注出曲线上点的字母,当由两个投影已能表达该曲线而不致引起误解时,就不必注出点的字母,如图 9-3(b)所示。

若平面曲线所在平面平行于某投影面,则应画出该投影面上的投影。因为,这时平面曲

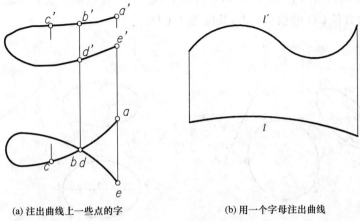

(a) 注出曲线上一些点的字   (b) 用一个字母注出曲线

图 9-3　曲线的投影图

线的其余两投影积聚成直线,即使注出一些字母,也不能明显地表示出这条曲线的形状。

　　平面曲线所在平面垂直于某投影面时,如画出在该投影面上成直线状的积聚投影,则能明显地表示出这条曲线是平面曲线,参见图 9-4 圆周的投影图。

9.2　圆周的投影

9.2.1　特殊方向圆周的投影

　　当圆周平行于投影面时,其投影是一个等大的圆周;圆周平面垂直于投影面时,其投影成为长度等于圆周直径的一段直线,如图 9-4 所示。

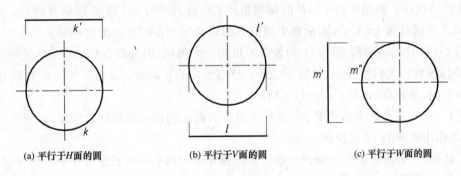

(a) 平行于*H*面的圆　　(b) 平行于*V*面的圆　　(c) 平行于*W*面的圆

图 9-4　圆周的投影图

　　在投影图上,圆周的投影为圆周时,应当用细点画线表示圆周上一对互相垂直的对称位置线,称为圆周的中心线,两端稍伸出圆周 2～3mm。

9.2.2　倾斜方向圆周的投影

　　当圆周平面倾斜于投影面时,其投影为一个椭圆。圆心的投影为投影椭圆心。圆周直径的投影为投影椭圆的直径。圆周内平行于该投影面的直径的投影,为投影椭圆的长轴,长度等于圆周直径;圆周内与该直径垂直的那条直径的投影,为投影椭圆的短轴。

如图 9-5(a)所示,圆周 K 位于 W 面垂直面上,它的 W 面投影 k'' 成为一段直线,相当于 K 上平行 W 面的直径 CD 的投影 $c''d''$,长度等于 CD。

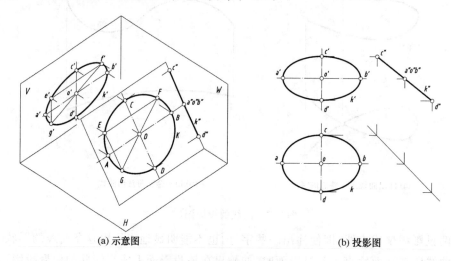

(a) 示意图   (b) 投影图

图 9-5　圆周的投影为椭圆

圆周 K 的 V 面投影 k' 的形状将是一条曲线,称为椭圆,真实形状如图 9-5(b)中 V 面投影 k' 所示。K 内任一直径如 FG 的 V 面投影为 $f'g'$,端点 f'、g' 在 k' 上。圆心 O 的 V 面投影 o' 为 $f'g'$ 的中点,故 o' 成为 k' 的对称中心,称为椭圆心,$f'g'$ 称为椭圆直径。

圆周上各条直径虽然长度相等,但由于它们对 V 面的倾角不同,投影的长度就将不同,一般都要缩短。只有平行于 V 面的那条直径 AB 的投影 $a'b'$ 的长度不变而且最长,为投影椭圆的长轴。又垂直于 AB 的那条圆周直径 CD,因位于对 V 面的最大斜度线上,故 $c'd'$ 缩得最短,成为投影椭圆的短轴。而且长短轴 $a'b'$ 和 $c'd'$ 互相垂直。长短轴的端点 a'、b'、c' 和 d' 成为椭圆的顶点。利用平行于 AB 的圆周弦线 EF 以及平行于 CD 的圆周弦线 EG 的投影 $e'f'$、$e'g'$ 分别对称于 CD、AB,故整个椭圆 k' 将以长短轴 $a'b'$、$c'd'$ 为对称轴。

如图 9-5(b)所示,圆周 K 的 H 面投影 k 也为一个椭圆,因圆周直径 AB、CD 又分别为 H 面的平行线和最大斜度线,故投影 ab、cd 又分别为 k 的长短轴。但由于 CD 对 V 面和 H 面的倾角不同,故长度 cd 和 $c'd'$ 也是不同的。

例 9-1　已知一个圆垂直于 V 面,其 V 面投影和圆心的两面投影均已确定,如图 9-6(a)所示,要求作出该圆的 H 面投影。

解　该圆的 H 面投影为一椭圆。应先求出长短轴,长轴 ab 的长度等于 $c'd'$ 的长度,均为圆周直径的实长,cd 可作投影连系线得到,如图 9-6(b)所示。椭圆上的其他点可以应用换面法求得,作法如图 9-6(c)所示。求到若干个点后可以徒手画出椭圆,一般情况下一个椭圆至少应求八个点。

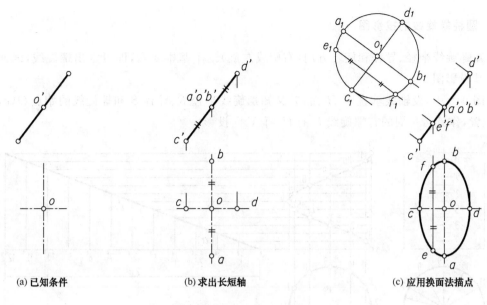

(a) 已知条件　　　　　　　　　(b) 求出长短轴　　　　　　　　　(c) 应用换面法描点

图 9-6　描点法画椭圆

9.3　圆柱螺旋线

9.3.1　圆柱螺旋线的形成和分类

　　一点沿着一直线作等速移动,直线本身又绕着一条平行的轴线作等速旋转,则直线形成一个圆柱面,而该点形成的是位于该圆柱面上的空间曲线,称为圆柱螺旋线,简称螺旋线,如图 9-7 所示。该圆柱面称为螺旋线的导圆柱;导圆柱的半径称为螺旋线半径;该点旋转一周后,在轴线方向移动的一段距离 S 称为导程。

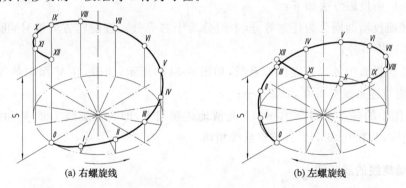

(a) 右螺旋线　　　　　　　　　　　　　(b) 左螺旋线

图 9-7　圆柱螺旋线的形成

　　由于点在圆柱面上旋转方向的不同,形成两种方向的螺旋线。设以翘起的拇指表示一点沿直线移动的方向,其余握紧的四指表示直线的旋转方向,若符合右手情况时,称为右螺旋线(图 9-7(a));若符合左手情况时,称为左螺旋线(图 9-7(b))。

9.3.2 圆柱螺旋线的投影图

已知螺旋线半径、导程和旋转方向(右旋或左旋)三个基本要素,即可定出螺旋线,因而可作出其投影图。

在图9-8中,设轴线垂直于 H 面,并又知螺旋线半径 R、导程 S 和螺旋线的始点 $O(o,o')$ 的位置,作旋转一周的右螺旋线 L 的 H 面、V 面投影。

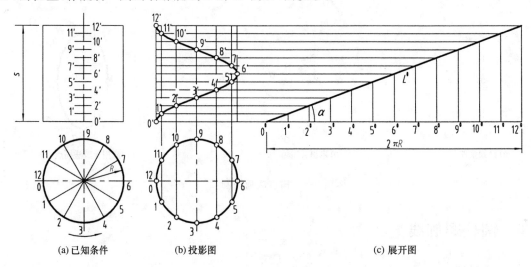

(a) 已知条件　　　(b) 投影图　　　(c) 展开图

图 9-8　圆柱螺旋线的画法

先以已知的螺旋线半径 R 作导圆柱的 H 面投影圆周,再以已知导程 S 作导圆柱的 V 面投影矩形(导圆柱的投影参见第10章)。

螺旋线 L 的 H 面投影积聚在导圆柱的 H 面投影圆周上。

螺旋线的 V 面投影作法如下:

(1) 将 H 面投影圆周分为任意等分(本图分为十二等分),按旋转方向编号;再在 V 面中将导程 S 作同样等分;

(2) 由 H 面投影中各等分点作连系线,如图9-8(b)所示;同时,在 V 面中各等分点作水平线,相应地与连系线交得 $0',1',2',\cdots$;

(3) 把本图中的各点 $0',1',2',\cdots,12'$ 光滑地连接起来,即为螺旋线 L 的 V 面投影,它是一条正弦曲线,并在 $0',6',12'$ 点与连系线相切。

9.3.3 圆柱螺旋线的展开图

螺旋线随着导圆柱面展开成平面而形成的展开图,称为螺旋线的展开图,如图9-8(c)所示的 L^0 线。

螺旋线的展开图是一条直线。因为根据螺旋线的形成规律,螺旋线上各点作等速运动。因此,在展开图上各点的高度与水平方向导圆柱底圆弧的展开长度之比,是一个常数,因而各点的展开图位于一条直线上。它是以导程 S 和底圆周 $2\pi R$ 的展开直线为一对直角边的一个直角三角形的斜边。螺旋线的展开直线与底圆周的展开直线间夹角 α,称为螺旋线的升角,它表示螺旋线运动上升时运动方向的倾角。

复习思考题

1. 曲线是怎样形成的?

2. 怎样作圆柱螺旋线?

3. 试画出倾斜位置的驾驶盘连同轮辐的投影图(轮盘和轮辐简化为圆和直线)。

4. 日常生活中哪些物体、哪些现象是曲线? 它们属于什么曲线?

5. 圆对投影面有哪几种位置? 各自的投影有什么特性?

6. 是非题

(1) 圆周曲线的投影可以是圆、椭圆或直线。( )

(2) 在任何情况下,空间曲线的投影不能成为一条直线。( )

(3) 圆柱螺旋线的投影只要知道其半径和导程即可作出。( )

(4) 一般的弹簧(忽略其粗度)就是一条圆柱螺旋线。( )

10 曲面和曲面立体

生活中曲面无处不在。日常生活中的锅碗瓢盆,体育运动中的各种球类,都是我们非常熟悉的曲面。在机械工程中,小到螺钉螺母等零件,大到汽车、轮船和飞机的外壳,都由各种各样的曲面组成。在建筑工程中,丰富多彩的现代化建筑越来越多地采用曲面造型(图10-1),成为现代化都市的靓丽景观。

图 10-1　曲面造型

10.1　曲面的一般知识

10.1.1　曲面的形成和分类

（1）曲面的形成

曲面可视为一条线运动的轨迹,也可视为一系列线的集合。

形成曲面的动线称为母线,母线的任一位置称为素线。用来控制母线运动规律的点、线、面,分别称为导点、导线、导面。母线和导线可以是直线或曲线;导面可以是平面或曲面。图10-2中所表示的曲面P,是由曲母线L,使其一点A沿着曲导线K作平行移动形成的。L的任一位置L_1,L_2……为素线。

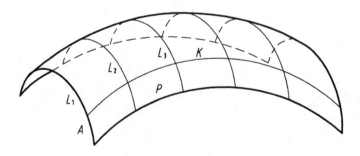

图 10-2　曲面的形成

（2）曲面的分类

① 按曲面形成是否有规律。母线按一定规律运动而形成的曲面,或由一些线有规律地组合而形成的曲面,称为规则曲面;反之,称为不规则曲面。

② 按母线的形状。母线为直线的曲面,称为直线面或直纹面;母线为曲线的曲面,称为

曲线面。一个曲面既可由直母线,也可由曲母线形成时,一般仍称为直线面。

③ 按曲面能否由旋转来形成。母线绕一轴线旋转而形成的曲面,称为旋转面(或回转面);否则为非旋转面。

④ 按曲面能否展开分——可展开的为可展曲面,反之为不可展曲面。

10.1.2 曲面的投影

在投影图中,规则的闭合曲面的投影一般是由曲面的外形线来表示的。所谓的外形线就是当曲面向某一个投影面进行投影时处于曲面的最外围,构成投影的外轮廓的线条。当曲面有边线时,则要画出边线的投影。

外形线和一般的棱线是不一样的。棱柱中的棱线是空间确实存在的一条直线,在每个投影图中(H 面、V 面、W 面)都必须画出它的投影。而外形线则不同,对于光滑的闭合曲面(如圆柱、圆锥等)空间并不存在这条线,例如圆柱面最左最右两条素线只是向 V 面投影时构成外轮廓,需要画出其投影,再向 W 面投影时,它就不是外形线,不能画出其投影。圆柱面上最前最后两条素线才是 W 面上的外形线。

10.1.3 曲面立体的投影

表面都由曲面组成,或由曲面和平面共同组成的立体,都称为曲面立体。例如球体全部由曲面组成,柱体则由曲面和平面(底面和顶面)共同组成。曲面立体的投影,就是组成它表面的曲面及平面的投影。虽然曲面表达的是表面,而曲面立体表达的是实体,但它们的投影有时是相同的。当曲面的投影具有对称性时,应画出它们的对称轴线。投影图上,轴线用细点画线表示,两端稍伸出图形。

10.2 可展曲面

可展曲面为直线面,共有三种:柱面、锥面和切线曲面。其中柱面应用最为广泛,不仅在传统的建筑形体中拱门、拱桥、圆柱、圆角等随处可见,在现代化的建筑中也得到越来越多的应用,图 10-3 是著名的上海大剧院,它的顶部由柱面构成。在尖顶建筑中经常可以看到锥面的应用。本书仅讨论柱面和锥面。

图 10-3　上海大剧院

10.2.1 柱面

(1) 柱面的形成和性质

① 柱面的形成。一直母线平行一直导线且沿着一曲导线运动而形成的曲面,称为柱面。

图 10-4 为一个柱面的投影图。该柱面为一条直母线 L 平行一条直导线 L_0、且沿着一条曲导线 K 运动时由素线 $L_1, L_2 \cdots \cdots$ 组成的。

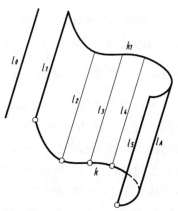

该柱面的边线为 K, K_1, L_1 和 L_5。H 面投影上尚有投影外形线 l_A,V 面投影上有投影外形线 l'_B。它们为空间外形线 L_A, L_B 的投影,对应的 l'_A, l_B 不必画出。

② 柱面特性。柱面是可展曲面。由于平行的两相邻素线组成一个狭窄的平面,因而整个柱面可以视为由许多狭窄的平面组成,故它们可以连续地展开在一个平面上,即柱面可展开成一个平面,故为可展曲面。

③ 柱面的类别。一般以垂直于母线(素线)的平面与柱面的交线形状来区分。如交线为圆周时,称为圆柱面;交线为椭圆时,称为椭圆柱面。有时也以边界曲线的形状以及它所在平面与素线是否垂直来区分。如边界曲线为圆周,圆周平面且与素线垂直时,称为正圆柱面;如与素线倾斜时,称为斜圆柱面。

(2) 正圆柱面

① 圆柱面的形成和投影图。图 10-5 中曲面是一个正圆柱面。该圆柱面以平行于 H 面的顶圆 K 为曲导线,以通

图 10-4　柱面

过圆心且垂直于 H 面的直导线所形成,因而所有直素线均垂直于 H 面。下方边界曲线 K_1 为一个与顶圆等大的圆周。

正圆柱面的 H 面投影是一个圆周,为顶圆和底圆的重影,也是圆柱面的积聚投影。显然,圆柱面上点、线的 H 面投影,均积聚在这个 H 面投影圆周上。

正圆柱面的 V 面和 W 面投影都是矩形。铅直的细点画线表示圆柱轴线的投影,称为投影(矩形)的中心线。两个矩形的上下两条水平线,分别是顶圆 K 和底圆 K_1 的积聚投影。

V 面投影矩形左右两边线为圆柱面上最左、最右两素线 AA_1, BB_1 的投影;W 面投影矩形两侧边线是圆柱面上最前和最后两素线 CC_1, DD_1 的投影。

圆柱面可以由两个投影表示。当轴线垂直于某投影面时,则要画出这个投影面上的投影,即画出反映曲导线即圆周形状的投影,也就是图中的 H 面投影。

② 圆柱体的投影。如将圆柱面的顶圆和底圆作为圆柱体的顶面和底面,则图10-5(b)也是一个正圆柱体的投影。所以,投影图所表示的可为圆柱面的投影,也可为圆柱体的投影,由图名或其他文字来区别。

③ 圆柱面的展开图。正圆柱面的展开图是一个矩形,如图 10-5(d)所示。图中矩形的

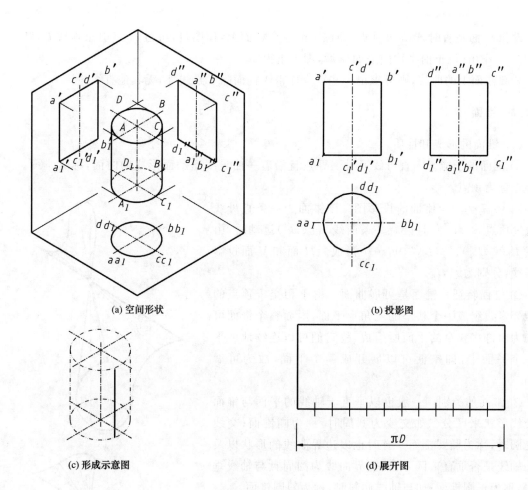

(a) 空间形状　　　　　　　　　　　　　(b) 投影图

(c) 形成示意图　　　　　　　　　　　　(d) 展开图

图 10-5　正圆柱面

高度为圆柱面的高度；矩形的长度为顶圆或底圆的周长 πD。作图时，可将底圆周分成若干等分，图中为十二等分，即把等分点间弦长作为弧长来近似作出底圆的周长。当然，等分愈多则愈准确。

（3）斜圆柱面

① 投影图。图 10-6 为以水平的圆周 K 为曲导线，平行于 V 面但倾斜的轴线 OO_1 为直导线所形成的斜圆柱面的投影图。

斜圆柱的 H 面投影的外形线，为平行于轴线的素线的 H 面投影、且与底圆和顶圆的投影相切的直线，本图中也为最前和最后两素线的 H 面投影；其 V 面投影的外形线，则为通过平行于 H 面的底圆（或顶圆）直径的端点的两条素线的 V 面投影。

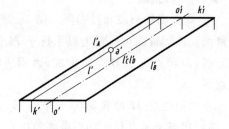

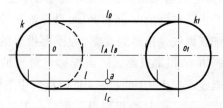

图 10-6　斜圆柱面

② 斜圆柱面上点和线。斜圆柱面上点，可在柱面上取素线来定出。如图 10-6 所示，已知圆柱面上一点 A 的 V 面投影 a'，利用通过 A 点的素线 $L(l, l')$ 来得出 H 面投影，如图所

示。设朝 V 面观看时 A 为可见点,即位于前半个柱面上,作图时,可过 A 点引条素线 L,则 l' 通过 a',作出(位于前半柱面上的)l 后,即可求得 a。

斜圆柱面上的曲线,则可求出一些点来连得。柱面除了素线外,无其他直线。

10.2.2 锥面

（1）锥面的形成和性质

① 锥面的形成。一直母线通过一导点且沿着一曲导线运动而形成的曲面,称为锥面。该导点称为顶点。

图 10-7 为一个锥面的投影图。该锥面为一条直母线 L 通过顶点 $S(s,s')$、且沿着一条曲线 $K(k,k')$ 运动时,由素线 $L_1(l_1,l'_1),L_2(l_2,l'_2),\cdots\cdots$ 形成。H 面和 V 面投影外形线,分别为 l_A,l'_B。

② 锥面特征。锥面是可展曲面。由于相交于顶点的两相邻素线组成一个狭窄的三角形平面,因而整个锥面可以视为由许多狭窄的平面所组成,故它们可以连续地展平在一个平面上,即锥面可以展开成一个平面,故为可展曲面。

③ 锥面的类别。一般也以垂直于轴线的平面与锥面的交线形状来区分。如交线为圆周时,称为圆锥面;交线为椭圆时,称为椭圆锥面。有时也以边界曲线的形状以及它与轴线是否垂直来区分,如边界曲线为圆周且与轴线垂直时,称为正圆锥面;如与轴线倾斜时,称为斜圆锥面。

（2）正圆锥面

① 圆锥面的形成和投影图。图 10-8 中曲面是一个正圆锥面。该圆锥面可以视为以平行于 H 面的底圆周 K 为曲导线,以顶点 S 为导点所形成,因而所有直素线均通过顶点 S。

正圆锥面的 H 面投影为一个圆形,圆周为底圆的投影,圆心相当于顶点和底圆心重叠的投影。

正圆锥面的 V 面和 W 面投影都是等腰三角形。铅直的细点画线是锥轴的投影,为锥面投影的中心线。底边为底圆 K 的积聚投影。V 面投影三角形的两腰为最左和最

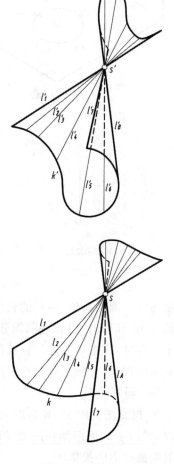

图 10-7　锥面

右素线 SA 和 SB 的投影;W 面投影中三角形两腰,是锥面上最前和最后两素线 SC 和 SD 的投影。又如 V 面投影中三角形范围是可见的前半个和不可见的后半个锥面的重影,其对应的 H 面投影为前半个圆形和后半个圆形,对应的 W 面投影是右半个和左半个三角形(空间为前半个和后半个)。

圆锥面可由两个投影表示,但其中之一应是显示底圆形状的投影。

② 圆锥体的投影。如将圆锥面的底圆作为圆锥体的底面,则图 10-8(b)也是一个正圆

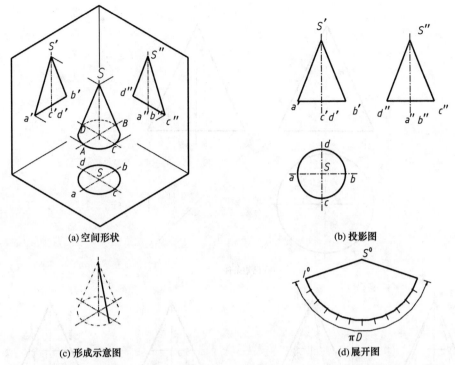

(a) 空间形状　　　　　　　　　　(b) 投影图

(c) 形成示意图　　　　　　　　　(d) 展开图

图 10-8　正圆锥面

锥体的投影图。

③ 圆锥面的展开图。正圆锥面的展开图是一个扇形,如图 10-8(d)所示。因为正圆锥面的素线等长,且各素线交于一个公共的顶点,故展开图的半径等于素线长度,如 $s'a'$,弧长等于底圆周长。故作展开图时,先任选一点 S 为圆心,取 SI 等于任一外形素线长度如 $s'a'$ 为半径作圆弧。再把底圆分成若干等分,本图中为十二等分,即把底圆等分点间弦长近似地作为弧长,在展开图的圆弧上量取同样数量的弦长,近似地作为弧长。最后将起点和终点与 S 相连,就得正圆锥面的展开图。

例 10-1　如图 10-9 所示,已知一个正圆锥的投影及表面上 A、B、C 三点的一个投影,求作其余投影。

解　(1)素线法。如图 10-9(b)所示,过点 A,B 分别作素线 SD,SE,利用直线上点的投影特性作出所需投影。C 点在 V 面中心线上,W 面投影在外形线上。

(2)纬圆法。如图 10-9(c)所示,过 A,B,C 三点的各纬圆的 V 面投影为平行于底边的水平线,水平线的长度即纬圆的直径。H 面投影为圆,其半径是点到圆心的距离。

(3)可见性。各点的 H 面投影均可见。A 位于左半锥,a'' 可见。B 位于圆锥的右、后部,b'、b'' 均不可见,c'' 在投影外形线上,故可见。

(3) 斜圆锥面

① 斜圆锥面的形成和投影图。图如 10-10(a)所示,以顶点 S 为导点,水平的圆为曲导线形成斜圆锥面。该斜圆锥面实际上是一个椭圆锥面,因为垂直于轴线的平面,将与锥面交于一个椭圆,但通常仍称为斜圆锥面。

H 面投影的外形线,是由 S 向底圆的 H 面投影圆周所作的切线。V 面投影的外形线,

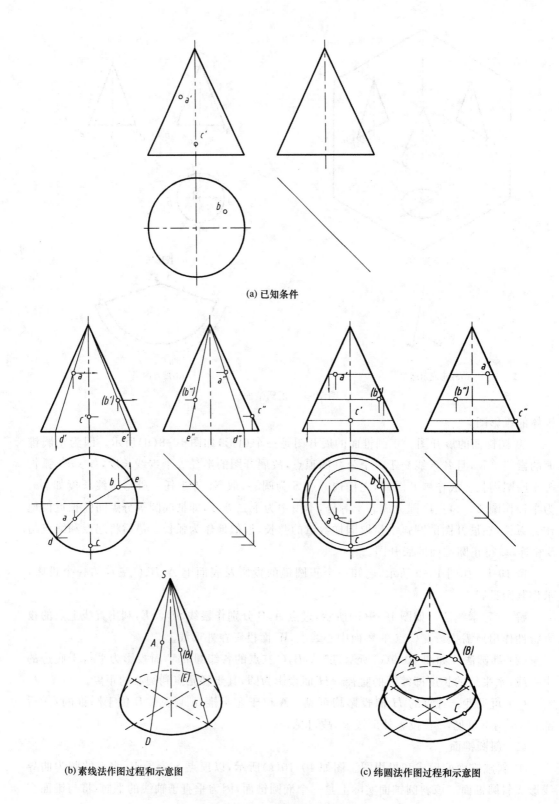

(a) 已知条件

(b) 素线法作图过程和示意图

(c) 纬圆法作图过程和示意图

图 10-9　正圆锥面上取点

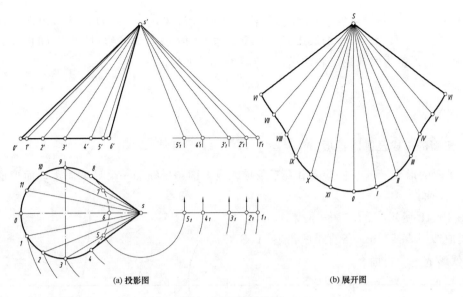

(a) 投影图　　　　　(b) 展开图

图 10-10　斜圆锥面

是最左、最右两条素线的 V 面投影 $s'0'$，$s'6'$。

② 斜圆锥面上点——斜圆锥面上点，需要在锥面上取素线来定出。如已知锥面上一点 A 的 H 面投影 a（设 A 点为可见的），求 V 面投影 a' 时，可过 a 作素线的 H 面投影 $s1$，由之定出素线的 V 面投影 $s'1'$，即可求得 a'。

③ 斜圆锥面的展开图。如图 10-10(b) 所示。作图时，先在图 10-10(a) 的底圆上取若干等分点，本图为 12 等分，并作出通过它们的素线。然后把相邻两素线以及等分点所连成弦线构成的三角形，近似地作为两素线间的锥面。图中最左、最右两素线由 V 面投影 $s'0'$、$s'6'$ 反映实长，其余素线的实长可以通过锥点 S 的 H 面垂直线为轴的旋转法求出，如图中反映实长的 $s'5_1'$。于是，在图 10-10(b) 中，连续作出诸三角形的展开图，再将底圆上的点 1^0，2^0，…，连成曲线，即可作全展开图。

例 10-2　图 10-11(a) 为连接上方圆管和下方方管的变形接头。该接头视为由四个三

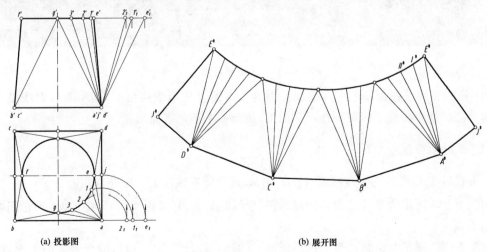

(a) 投影图　　　　　　　(b) 展开图

图 10-11　变形接头

角形平面和四个 1/4 斜圆锥面所组成。图 10-11(b)为其展开图。圆锥面视为由四个狭窄的三角形所构成。四个三角形的底边和各狭窄三角形的为弦长的底边,均可由 H 面投影中量取;所有三角形斜边实长用旋转法求出,如图 10-11 所示。

10.3 扭面

10.3.1 扭面的形成及基本性质

(1)扭面的形成——一直母线沿着三条导线或者两条导线和一个导平面运动而形成的曲面,称为扭面。

如图 10-12 所示,设有三条导线 A,B,C,它们可以是曲线或直线,当一条直母线沿着 A,B,C 运动时,就形成一个扭面。

由于扭面造型新颖美观,变化多端,再者,扭面是直线面,在工程上可由直线状构件来组成曲面。故扭面在工程上越来越受到建筑师的青睐,特别是一些体育场等大型建筑场馆的顶部,经常有它们的身影。如图 10-13 所示是位于上海浦东的上海科技馆。

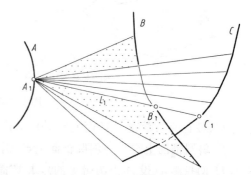

图 10-12　扭面的形成

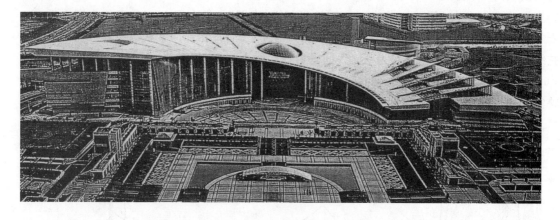

图 10-13　上海科技馆

(2)扭面特性。扭面是不可展曲面。因为按上述方法形成的扭面,其相邻两素线是交叉直线,所以,整个扭面不能展平在一平面上,故为一个不可展曲面。

10.3.2 单叶双曲面

一条直母线 L 沿着三导线椭圆 A_1,A_2 和 A_3 运动所形成曲面为单叶双曲面。

如图 10-14 所示为单叶双曲面的投影图。导线 A_1 和 A_3 对称于 A_2 所在平面,故它们的 H 面投影重合。

如图 10-15 所示是由扭面形成的斜涵洞,导线 A,B 是平行 V 面的两个等大的半圆,圆

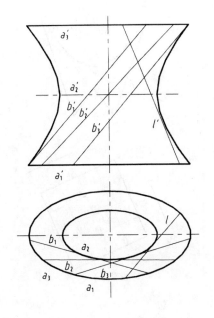

图 10-14 单叶双曲面

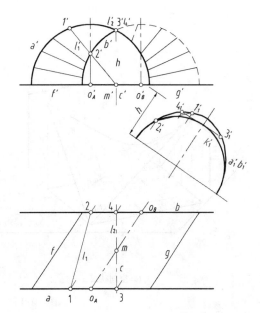

图 10-15 扭面的应用——斜涵洞

心为 O_A，O_B；导线 C 是一条通过轴线 O_AO_B 的中点 M 的 V 面垂直线。

因 c' 有积聚性，故所有素线的 V 面投影通过 c'。设过 c' 的直线 l'，与 a'，b' 交于点 $1'$，$2'$，由之定出 $1,2$。则连线 $12,1'2'$ 为素线 L_1 的 H 面、V 面投影。

同样可作出其他素线的投影。其中通过 a' 和 b' 交点 $3'4'$ 处素线 l_2，因 l_2' 积聚成一点，故 L_2 为 V 面垂直线，因而与 C 平行，可视为与 C 交于无穷远处。

图中作了垂直于轴线 O_AO_B 的辅助投影面 V_1 上的辅助投影。图中除了重影的两个半圆 A，B 的辅助投影 a_1'，b_1' 半椭圆外，还作出了一些素线的辅助投影，如 $1_1'2_1'$，$3_1'4_1'$ 等。它们的包络线，即为扭面的辅助投影外形线 k_1'，显然其净高 h 小于导线半圆的半径。

10.3.3 翘平面

一直母线沿着两条交叉直导线且平行一导平面运动而形成的曲面，称为翘平面，也可称为双曲抛物面。

如图 10-16 所示曲面为一翘平面，一对交叉直线 M_1 和 M_5 为导线，H 面垂直面 L_0 为导平面，直线 L 为母线。当 L 沿着 M_1 和 M_5 且平行 L_0 运动时，则素线 L_1，L_2，…，所形成的曲面是一个翘平面。H 面投影中，$l_1 /\!/ l_2 /\!/ \cdots /\!/ l_5$；$V$ 面投影外形线，为切于 $l_1'l_2'\cdots$ 的包络线是一条抛物线。

在图 10-16 中，如以 L_1，L_5 为导线，H 面垂直面 M_0 为导平面，母线 M 沿着 L_1，L_5 且平行 M_0 面运动时，形成同一个翘平面。

图中作出了翘平面上一点 A 的投影，该点位于曲面的一素线 M_2 上。如已知其 H 面投影 a，则先过 a 作一条素线的 H 面投影如 $m_2 /\!/ m_0$。再求出 m_2'，即可定出 V 面投影 a'；但若已知其 V 面 a' 投影，则不能直接定出 a，作图时，可先估计 a 的位置，试作一些素线的 H 面投影，再作出它们的 V 面投影，当其中一条如 m_2' 恰通过 a'，则 a 在 m_2 上。

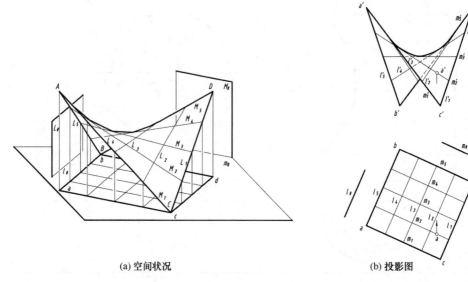

(a) 空间状况   (b) 投影图

图 10-16　翘平面

图 10-17(a)为翘平面应用于屋面之例。整个屋面由 4 片翘平面组成的,并且都是以墙面作为它们的导平面。

如图 10-17(b)所示为翘平面应用于岸坡过渡处实例。此翘平面可将铅直的 P 面过渡到倾斜的 Q 面。该翘平面的导线是直线 AB 和 CD,导平面是地面;或者导线是直线 AC 和 BD,导平面是平行于 AB 和 CD 的 R 平面。

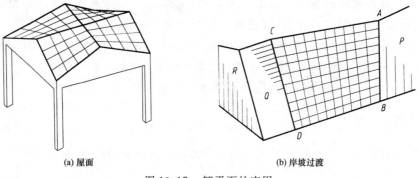

(a) 屋面   (b) 岸坡过渡

图 10-17　翘平面的应用

10.3.4　锥状面

一直母线沿着一直导线和一曲导线且平行一导平面运动而形成的曲面,称为锥状面。图 10-18 中曲面为一锥状面,直线 A 和曲线 K 为导线,H 面为导平面,直线 L 为母线。当 L 沿着 A 和 K 且平行 H 面运动时,则素线 L_1,L_2,……所形成的曲面是一个锥状面。本图中,因 L_1,L_2,……均为 H 面平行线,故 V 面投影 l'_1,l'_2,……均为水平;又因导线 A 垂直 H 面,故素线的 H 面投影均通过积聚投影 a 点。

图 10-19 为锥状面应用于屋面之例。该锥状面的导线是直线 A 和曲线 K,导平面是 W 面。屋面的檐口曲线 B 是曲面与 W 面垂直面 P 的交线,B 也可认为是该锥状面的曲导线而代替 K。在 V 面投影中,k' 与 b' 非常接近。

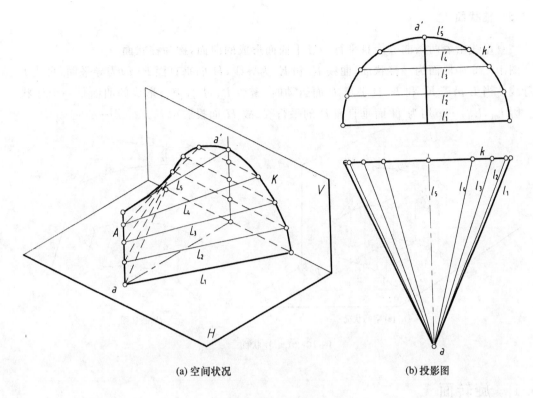

(a) 空间状况 　　　　　　　　　　　(b) 投影图

图 10-18　锥状面

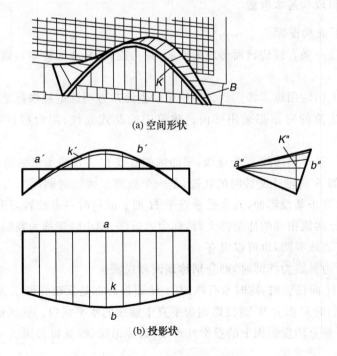

(a) 空间形状

(b) 投影状

图 10-19　锥状面的应用

10.3.5 柱状面

一直母线沿着两条曲导线且平行一导平面而形成的曲面,称为柱状面。

图 10-20 中曲面为一柱状面,曲线 K_1 和 K_2 为导线,H 面垂直面 $P(p)$ 为导平面,直线 L 为母线。当 L 沿着 K_1 和 K_2 且平行 P 面运动时,素线 $L_A,L_B,\cdots\cdots$ 形成的曲面是一个柱状面。因 $L_A,L_B,\cdots\cdots$ 均为 H 面垂直面 P 的平行线,故 H 面投影中 $l_A /\!/ l_B /\!/ \cdots /\!/ p$。

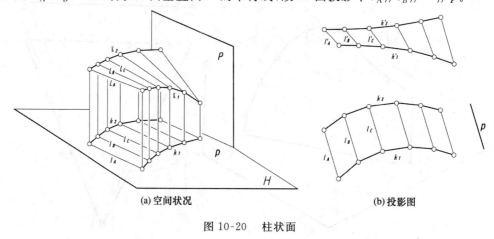

(a) 空间状况　　　　　　　　　　(b) 投影图

图 10-20　柱状面

10.4　旋转面

10.4.1　旋转面的形成和基本性质

（1）旋转面的形成和投影

以一线为母线绕一条直线旋转而形成的曲面,称为旋转面(或回转面),该直线称为旋转面的轴线。

旋转面在工程上的应用也非常广泛。序论中的上海东方明珠电视塔就是以球为主体的建筑。许多现代化建筑的穹顶都采用球面。建筑中的花式立柱、阳台栏杆都是漂亮的旋转体。

图 10-21 是以一条平面曲线 L 为母线,平面内的直线 O 为轴线所形成的旋转面。

母线上任一点如 A 绕轴线旋转时的轨迹,是一个垂直于轴线的圆周。由于放置旋转面时,一般使其轴线垂直于某投影面,通常是垂直于 H 面。故这时一点旋转而形成的圆周,取名为纬圆。一纬圆比两侧相邻的纬圆都大时,称为赤道圆;都小时则称为喉圆。一个旋转面上,可以有许多赤道圆或喉圆,也可以没有。

旋转面的上、下边界线为纬圆时,则分别称顶圆和底圆。

当轴线垂直于 H 面投影时,这时所有纬圆的 H 面投影都是反映纬圆实大的圆周,如图 10-21(b)所示。它们的 V 面和 W 面投影则为垂直于轴线的水平线段。旋转面的 H 面投影中外形线,即轴线所垂直的投影面上的投影外形线,为赤道圆、喉圆以及顶圆、底圆等特殊纬圆的投影。

通过轴线的平面称为子午面,旋转面与子午面的交线称为子午线。如轴线平行于某投

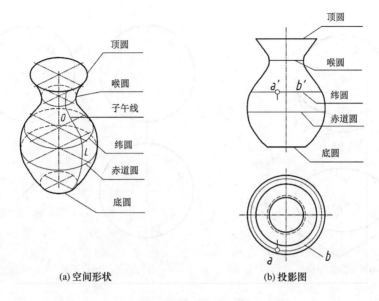

(a) 空间形状　　　　　　　　　(b) 投影图

图 10-21　旋转面

影面,则平行于该投影面的子午面,称为主子午面;相应的子午线称为主子午线。

旋转面只要两个投影即可表示,但其中之一为轴线所垂直的投影面上的投影,即能表示纬圆实形的投影。投影图中用细点画线表示轴线的投影;圆形的投影中画出的细点画线,即中心线。对于有限的旋转面,还应画出其边线的投影。如顶圆、底圆的投影。

(2) 旋转体

封闭的旋转面,例如球面,包围成一个旋转体;若不封闭时,如图 10-21 所示,则加上顶面、底面来包围成一个旋转体。如图 10-21(b)若表示的是一个旋转体,向 H 面观看时,喉圆不可见,其 H 面投影以虚线表示。

(3) 旋转面上点和线

旋转面上点,可以由旋转面上的纬圆来定出。如图 10-21(b)中,设已知旋转面上一个可见点 A 的 V 面投影 a',则可利用一个纬圆 $B(b,b')$ 定出其 H 面投影 a。反之亦可。

旋转面上线,则可取一些点连成。

10.4.2　球面

以圆周为母线,以它的一条直径为轴线旋转,形成圆球面,简称球面。

球面上各点到母线圆周的圆心的距离,均等于母线圆周的半径,故母线圆周的圆心,成为球面中心,称为球心。球面直径,等于母线圆周直径。过球心的平面与圆球交得的圆周称为大圆。大圆的直径等于圆球的直径。

图 10-22(a)为球面的 H 面投影形成情况,图 10-22(b)为投影图。

球面上平行于 H 面的大圆为赤道圆,平行 V 面、W 面的大圆为主子午线,它们分别为平行各投影面的空间外形线,它们在有关投影面上的投影即为投影外形线,如 H 面投影为圆球上赤道圆的投影,均为以圆球直径为直径的圆周,如图 10-22(b)所示。

球面的投影,为球面上可见的和不可见的两个半球面的重影。如 H 面投影是可见的上

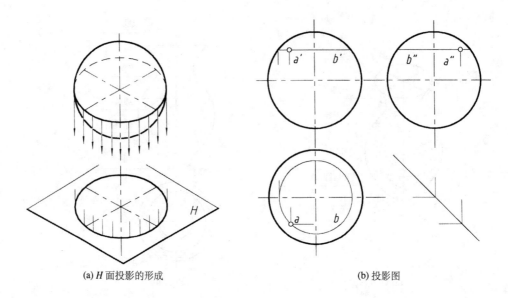

(a) H 面投影的形成   (b) 投影图

图 10-22　圆球

半个和不可见的下半个球面的重影。

　　球面上点可利用平行投影面的圆周来定位。如图 10-22（b）所示 A 点由纬圆 B 来定位。

　　例 10-3　已知球面的投影和面上点 A、B、C 的一个投影，求点的其余投影。

　　解　如图 10-23 所示，由 a′ 求作其余投影时，可作平行于 H 面的纬圆。过 a′ 作水平线与球外形线相交，即纬圆的 V 面投影，长度是纬圆的直径。以此直径作出纬圆的 H 面投影，然后由连系线得到 a，再求得 a″。

　　由 b 求作其余投影时，可作平行于 V 面的纬圆。作图过程同上。

　　C 点在 W 面外形线上，c′ 一定在中心线上，可直接求得，再由连系线得到 c。

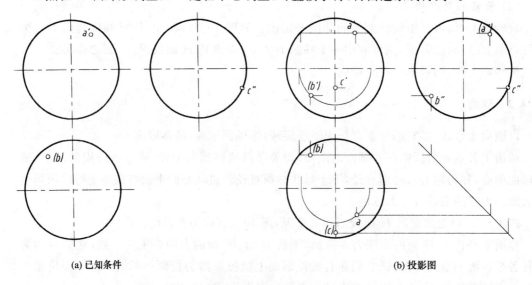

(a) 已知条件   (b) 投影图

图 10-23　球面上的点

可见性：A 位于球面的上、右方，a 可见，a″不可见。B 位于球面的后、左方，b′不可见，b″可见。C 位于球面的下、前方，c 不可见，c′可见。

10.4.3 环面

以圆周为母线，以位于圆周平面上但与圆周不相交的直线为轴线旋转，形成环面。

图 10-24 为一个环面的投影图。因轴线垂直 H 面，故 H 面投影中两条粗实线表示的圆周，分别是为赤道圆和喉圆的投影。V 面投影是环面上的两个主子午圆的投影以及顶圆、底圆的积聚投影。H 面投影上用细点画线表示的圆周是母线的圆心的旋转圆周的投影，该旋转圆周亦称为中心圆。

环面上点可由纬圆来定位。如图中 A 点由纬圆 B 来定位。

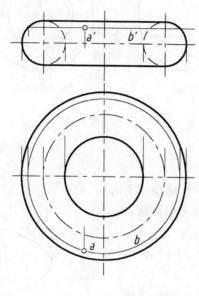

图 10-24　环面

10.5　螺旋面

10.5.1　螺旋面的形成和分类

一条母线绕着一条轴线作螺旋运动而形成的曲面，称为螺旋面。常遇的螺旋面为由直母线形成的平螺旋面和斜螺旋面。

螺旋面在工程中的应用，也许我们最常见的要算螺旋楼梯了。其实，大桥的引桥，机械中的螺纹等都是螺旋面。

图 10-25(a)中，以一条螺旋线为曲导线，螺旋线的轴线为直导线，一条与轴线垂直相交的直线为母线运动时所形成的螺旋面，称为平螺旋面。本图中，因轴线垂直 H 面，故母线运动时平行 H 面，相当于以 H 面为导平面，故平螺旋面是一种锥状面。

图 10-25(b)为中间有一同轴圆柱的局部平螺旋面的投影图。该圆柱与螺旋面的交线是一条螺旋线。显然，螺旋面上内外两条螺旋线的导程相同，仅直径不等。V 面投影中所表

示的螺旋面在柱子右侧的是螺旋面的顶面、左侧的是螺旋面的底面。

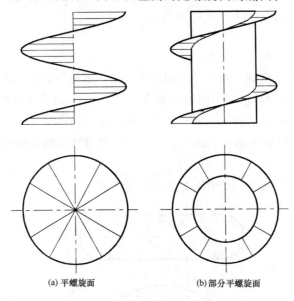

(a) 平螺旋面　　　　(b) 部分平螺旋面

图 10-25　平螺旋面

10.5.2　螺旋楼梯画法

图 10-26 为平螺旋面应用于螺旋楼梯之例。

图 10-26 螺旋楼梯的底面为平螺旋面,内外边缘为楼梯螺旋线。

例 10-4　根据已知条件,如图 10-27(a)所示,求作螺旋楼梯的 V 面投影。

解　(1)根据已知的第一个踢面的高度,画出所有踢面的 V 面投影,如图 10-27(b)所示。

(2)由各踢面的内侧,向下量出楼梯板的垂直高度,用光滑的曲线徒手相连,即可连得内侧的一条边缘螺旋线,如图 10-27(c)所示。

(3)由各踢面的外侧,向下量出楼梯板的垂直高度,用光滑的曲线徒手相连,即可连得外侧的一条边缘螺旋线,如图 10-27(d)所示;内、外两条螺旋线构成楼梯底面的平螺旋面。

(4)按习惯加深可见的图线,得到最后作图结果,如图 10-27(e)所示。

可见性问题可以找重影点来进行判别,但比较烦琐。比较方便的方法是,根据远近高低关系来判断出是楼梯底面可见还是台阶可见。如本例中,第 1 级到第 4 级是前低后高,可见的应该

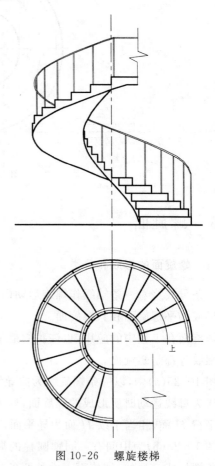

图 10-26　螺旋楼梯

128

是台阶；从第 5 级到第 8 级是后低前高，可见的应该是楼梯底面；从第 9 级到第 12 级还是后低前高，可见的应该是楼梯底面。

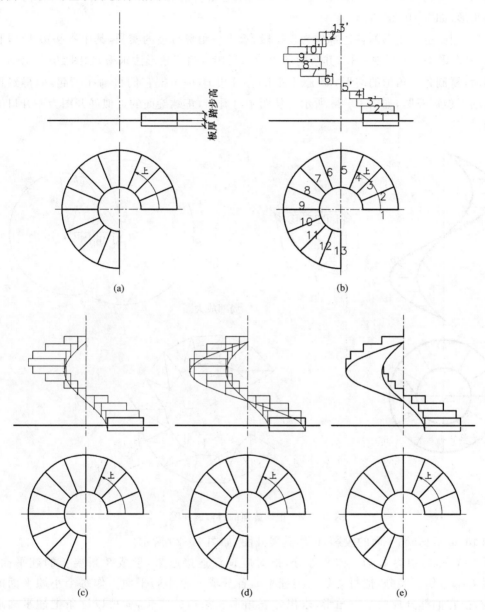

图 10-27　画螺旋楼梯步骤

10.6　不可展曲面的近似展开

双曲抛物面、锥状面、柱状面、螺旋面、单叶双曲面等直纹面是不可展曲面，要展开时可采用近似展开的方法。

例 10-5　已知正螺旋面的投影，试作其展开图。

解 首先,在导程 H 内将螺旋面 $N=12$ 等分,螺旋面被分成 12 个四边形,四边形的两边为曲线,另两边为直线。例如,四边形 I AB II,连接它的对角线 I $B(1b,1'b')$,分为两个曲边三角形,如图 10-28 所示。

然后,把曲边三角形的各边都作为直线段,求出三角形每边的实长,其中水平边 I A,II B 的 H 面投影 $1a,2b$ 反映实长,其余两条边的实长用直角三角形法求得,如图 10-28 所示。

最后,复制各三角形的实形,如 △ I AB,△ I II B,……把它们拼画在一起,即得到正螺旋面的近似展开图,如图 10-28 所示。从图中可看出,正螺旋面的近似展开图为一开口的圆环面。

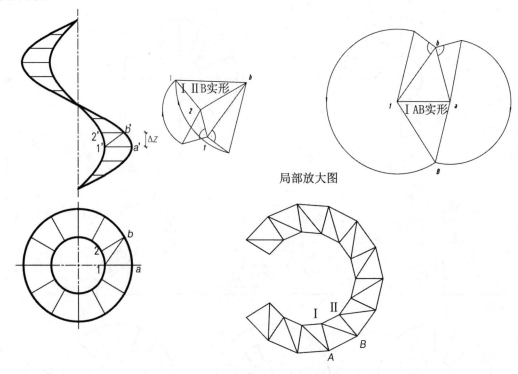

局部放大图

图 10-28 正螺旋面的近似展开图

例 10-6 已知翘平面的投影,试作其展开图,如图 10-29 所示。

解 首先,将边界 L_1,L_2 作 9 等分,把对应顶点连接起来,形成 9 条狭长的翘平面。将边界 L_3,L_4 作 9 等分,把每条狭长的翘平面各分成 9 个小翘平面。作每个小翘平面的对角线,把它们都分成两个三角形,求出各三角形三条边的实长,就可以逐条把翘平面近似展开。

例 10-7 需建造一实心圆球体建筑,用钢筋混凝土现场浇筑(称为现浇)。球面的投影图如图 10-30(a)所示。由于混凝土在成型过程中需要定型和支撑,所以,在浇筑前要设置为混凝土成型用的模型(称为模板)。现要求为该球体设计模板(暂不考虑连接和支撑等部分)。

解 本题的实质是要求作球体的表面近似展开图。为了便于施工,模板尽量采用平面,且型号不宜太多。图 10-30(b)为一种设计方案(按圆柱展开),采用六种型号平面进行拼装,每种 24 片。

首先,在水平投影中过圆心将圆 $n=12$ 等分,为作图方便,使 ab 边画成竖直位置(即等

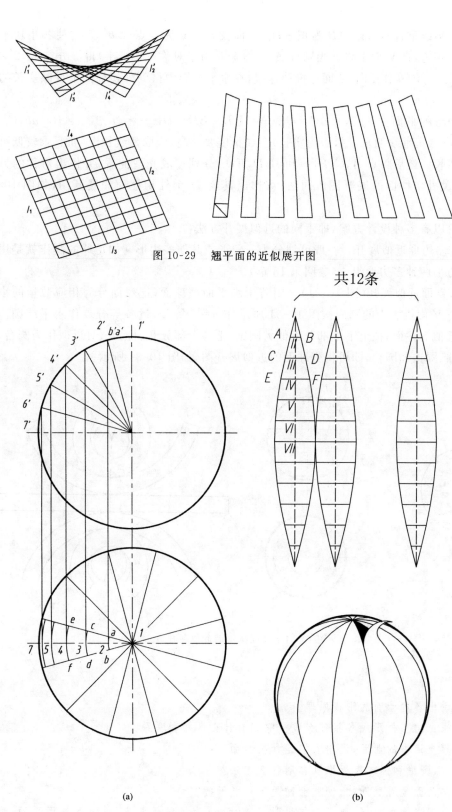

图 10-29　翘平面的近似展开图

图 10-30　球体的模板

分线不要与轴线重合），所以 AB 为正垂线，正面投影积聚为一点（$a'b'$）。为使各小块平面的边线长度相等，在 V 面上将此半圆分成 12 等分，（由于对称可作一半）得等分点 $1',2',3',4',5',6',7'$。过各等分点向 H 面作投影连线，在水平投影中得到外切柱面上反映实长的素线 $ab,cd,ef,\cdots$。

在橄榄形的平面中，$IA=AC=CE\cdots=IB=BD=DF\cdots=\pi R/12$。$AB=ab,CD=cd,EF=ef\cdots$（正垂线的水平投影为实长）。如精度要求高，应取弧线长度，如要求较低可用弦长代替弧长。最后将点 $A,C,E,\cdots$ 和 $B,D,F,\cdots$ 分别连成光滑曲线，并作出对称的另一半，即得有关外切柱面的展开图。同法，可作出其余 11 个外切柱面的展开图，如图 10-30 所示。

本题可以有多种设计方案，即不同的近似展开方法：

（1）按多边形近似展开。一般可划分为三角形或其他多边形。如足球的制作就是用五边形和六边形两种多边形组成（参阅第 13 章）。

（2）按锥面近似展开（图 10-31）。用若干水平面截球面，把球面分为相应数量的小部分。例如将 V 面投影中的圆周按图 10-31 所示作 $n=7$ 等分，过各等分点作水平纬圆。把中间部分近似为柱面，把上下端部分近似为圆锥，把其余部分 II、III、V、VI 近似作为圆台，分别展开圆柱、圆锥和圆台，即可得到球面的近似展开图，如图 10-31 所示。

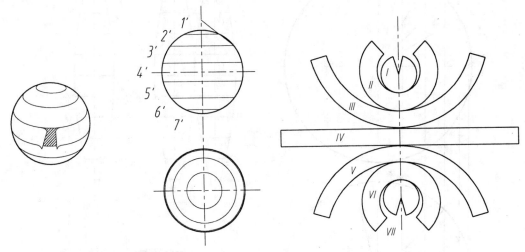

图 10-31　球面按锥面近似展开

复习思考题

1. 试讲出各种曲面的形成原理。

2. 母线、素线、外形线各指什么线？它们有什么区别和联系？

3. 观察生活中的曲面，讲出它们是什么曲面。

4. 圆柱、圆锥和圆球表面取点各用什么方法？

5. 哪些曲面是可展开的、哪些曲面是不可展开的？

6. 有一现浇螺旋楼梯，要求为其设计一套模板（为了便于施工，模板尽量用平面，型号不能太多）。

7. 是非题

(1) 锥面上过锥顶的线都是直线。（ ）

(2) 圆球表面上的线有圆和椭圆两种。（ ）

(3) 柱面、锥面和球面都是可展曲面。（ ）

(4) 一直母线沿着三条导线或二条导线和一个导平面运动而形成的曲面称为扭面。（ ）

11　曲面立体相交

圆柱、圆锥和圆球是曲面立体中应用最为广泛的几何体。它们的相互组合或与其他几何体组合,通过截切、叠加、相贯等方式,可以构成千姿百态的生动造型,在我们的现代化生活中起到越来越重要的作用。只要看看我们的城市建设,这样的例子不胜枚举。著名的上海东方明珠电视塔是一个以圆球圆柱为主体的组合体,图 11-1(a)是塔的下部构造,由圆球圆柱相贯而成。图 11-1(b)中的高层建筑的外形轮廓,是柱体和截去一角的三棱柱相贯而成的组合体。

(a) (b)

图 11-1　建筑实例

11.1　平面与曲面立体相交

平面与曲面立体的截交线,一般情况下是一条封闭的平面曲线;或是由平面曲线和直线组合而成;特殊情况下可以是直线构成的多边形。

截交线的形状取决于曲面立体表面的形状和截平面与曲面立体的相对位置。

一般情况下,平面与曲面立体的截交线,可根据曲面的形状以及与截平面的相对位置,作出一些截交点来顺次连成。

如截交线为某种有规则的图形,则可根据图形的特性,通过一些特殊的点来作出。

11.1.1 圆柱的截断

（1）正圆柱截交线的形状

平面截断正圆柱面时，由于截平面与圆柱面轴线的相对位置不同，将得出形状不同的截交线。

① 当截平面垂直于柱轴时，截交线为圆周。

② 当截平面平行于柱轴时，截交线为直线。

③ 当截平面倾斜于柱轴时，截交线为椭圆，其短轴为平行正圆柱底面的那条直径，长轴为最高和最低截交点间连线。

（2）截交线的作法

在求圆柱的截交线时，首先应该判断出所求截交线的类型，是圆、是矩形还是椭圆，根据不同类型进行求作。如果截交线是圆，其投影或者积聚成直线，或者与投影图中的圆重合，无需另外求作。如果截交线是矩形，只需求出平面与圆柱相交的两条素线，再加上与顶面底面的交线即可。如果截交线是椭圆，则可采用描点法求作，即求出椭圆长、短轴的四点，再加上若干中间点，就可以用光滑的曲线将它们连接成椭圆。因为圆柱有积聚性，圆柱表面取点可利用积聚投影。正圆柱截交线形状如表 11-1 所示。

表 11-1　　　　　　　　　　　正圆柱截交线形状

截平面位置	垂直于柱轴	平行于柱轴	倾斜于柱轴
截交线形状	圆周	直线	椭圆
空间状况	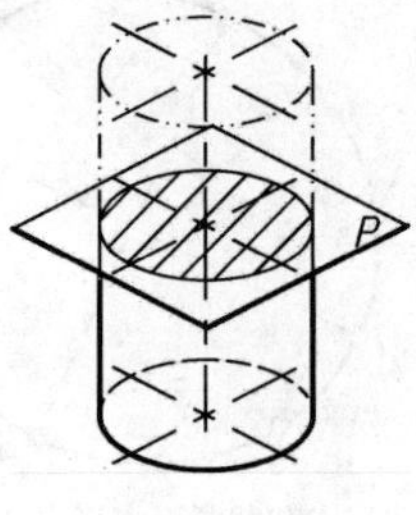	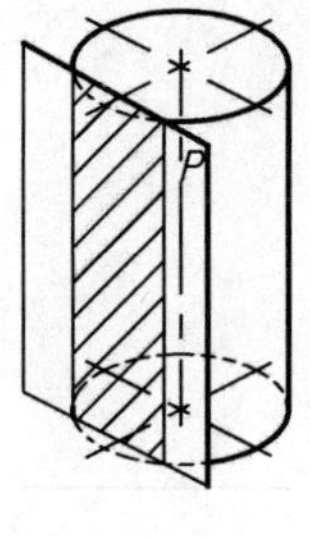	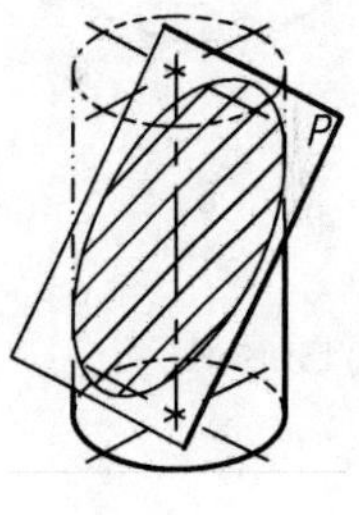
投影图	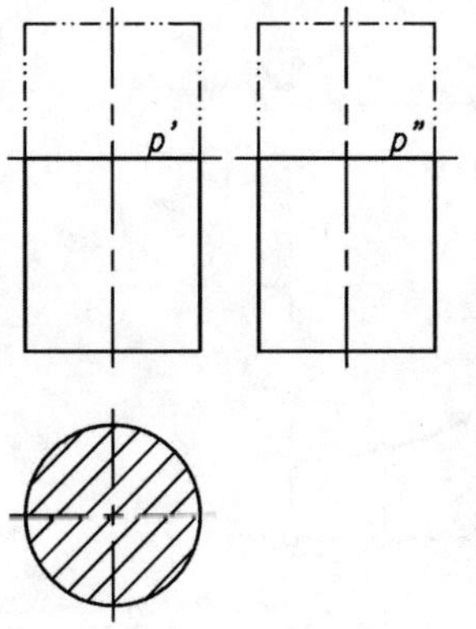	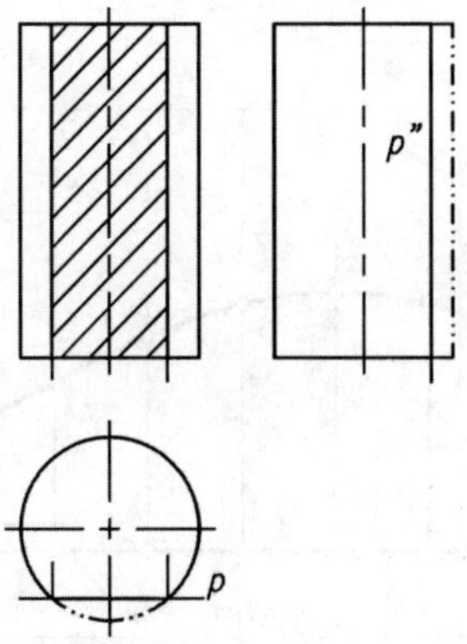	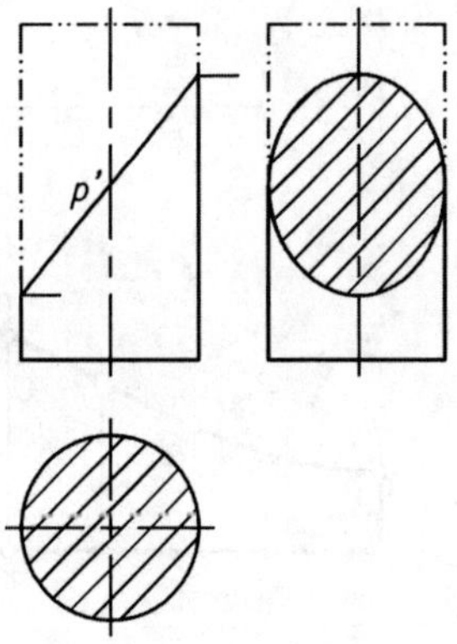

例 11-1　如图 11-2 所示,求正圆柱与 V 面垂直面 P 相交时截交线的投影、截断面实形和截断后下半部柱面的展开图。

解　(1)截交线分析。如图 11-2(a)所示,在 V 面投影中,因截平面 P 与柱轴斜交,且未与正圆柱的上下两个端面的投影相交,可知 P 面与圆柱面斜交成一个椭圆 K。

椭圆的 V 面投影积聚成为一直线,H 面投影重合在圆柱面的积聚投影上。椭圆的 W 面投影可求出一些截交点的 W 面投影来连成。

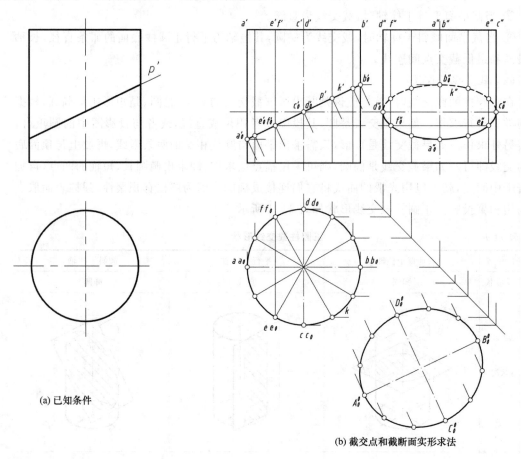

(a) 已知条件

(b) 截交点和截断面实形求法

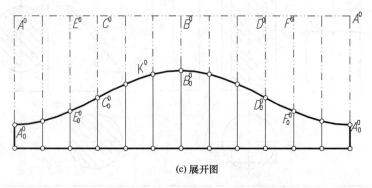

(c) 展开图

图 11-2　正圆柱截断

（2）求截交点。

①特殊点。首先作出椭圆的长、短轴端点。p' 与圆柱 V 面投影外形线的交点，即为长轴的 V 面投影 $a'_0 b'_0$，p' 与圆柱 V 面投影轴线的交点，即为短轴的 V 面投影 $c'_0 d'_0$。由此可以直接作出长、短轴的 W 面投影 $a''_0 b''_0$，$c''_0 d''_0$。它们也分别是截交线上的最低、最高、最前和最后点。

②中间点。为了使截交线的形状比较准确，需要加作一些中间点。如在截交线的 H 面投影上取 1/12 等分点 e_0，f_0，作出它们的 V 面投影 e'_0，f'_0，再由 V 面投影和 H 面投影求出 W 面投影 e''_0，f''_0。其他点同理可得。

（3）可见性。从图 11-2(a) 的已知条件中可以看出圆柱被 P 面截切后上半部并未移走（如移走应改为双点画线）。所以在 W 面投影中，均为可见的左半个圆柱面上截交线可见，故投影 $d''_0 a''_0 c''_0$ 画成实线，而半椭圆 $c''_0 b''_0 d''_0$ 因位于不可见的右半个圆柱面上而不可见，画成虚线。

（4）截断面实形。可用辅助投影面法，以平行于 P 面的平面作为辅助投影面 H_1 作出。

求出一些截交点的辅助投影来连成反映截交线实形的辅助投影——椭圆实形。

（5）展开图。先将 H 面投影圆周分成若干等分，并过各等分点作柱面素线，先画出带有各等分点处素线的整个圆柱面的展开图，如图 11-2(c) 所示。然后在 V 面投影中量得各截交点的高度，以定出各素线上截交点在展开图上的位置。最后，在展开图中顺次连接各截交点，即得截交线的展开图。本图仅画出了下半柱面的展开图。

图中，用细双点画线表示柱面截断后上半部的展开图。如果要表示下半部圆柱体的全部表面展开图，则应加上底面及截断面的实形。

例 11-2　作带切口圆柱的三面投影，如图 11-3 所示。

解　（1）截交线分析。此切口由两个截断面截切而成。P 面的截交线为大半个椭圆，Q 面的截交线为矩形。椭圆部分可采用描点法作出，矩形可根据相交素线作出。

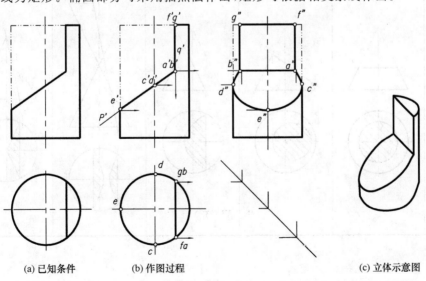

（a）已知条件　　　（b）作图过程　　　　　　　（c）立体示意图

图 11-3　带切口圆柱

（2）求截交点。P 面截交线的 H 面投影 $abdeca$ 重合在底圆上，不需另作。W 面投影通过描点作出 $a''b''d''e''c''a''$。

Q 面截交线的 H 面投影 $abgfa$ 积聚成直线，W 面投影只需过 $a''b''$ 作两条素线，即可画出矩形 $a''b''g''f''a''$。AB 是 P 面与 Q 面的交线。

（3）可见性。V 面、H 面均为积聚。W 面位于左半柱的部分为可见，位于右半柱的截交线由于切口的镂空而变为可见。

11.1.2 圆锥的截断

（1）正圆锥截交线的形状

平面截断正圆锥面时，由于截平面与正圆锥面相对位置不同，将得出形状不同的截交线（表 11-2）。

表 11-2   正圆锥截交线形状

截平面位置	垂直于锥轴	与所有素线相交	平行于一素线	平行于两素线	过锥顶
截交线形状	圆周	椭圆	抛物线	双曲线	直线
空间状况					
投影图					

① 面垂直于正圆锥面的轴线时，截交线为圆周。

② 与所有素线不平行而相交时，截交线为椭圆。

③ 平行于圆锥面的一条素线时，截交线为抛物线，轴线平行于该素线。

④ 平行于圆锥面的两条素线时，截交线为双曲线，双曲线的渐近线平行于这两条素线。

⑤ 通过圆锥面的顶点时，截交线为两条素线。

其中，椭圆的长轴的一个顶点、抛物线和双曲线的顶点，均为离开锥顶最近的截交点。

（2）截交线的作法

在求作圆锥的截交线时，首先应该判断出所求截交线的类型，是圆、是三角形，还是椭圆、抛物线、双曲线，根据不同类型进行求作。如果截交线是圆，应找出其圆心和半径。如果截交线是三角形，只需求出平面与圆锥相交的两条素线，再加上与底面的交线即可。如果截交线是椭圆、抛物线和双曲线则均可采用描点法求作，即求出椭圆长、短轴或抛物线、双曲线的顶点等特殊点，再加上若干中间点，就可以用光滑的曲线将它们连接起来。因为圆锥没有积聚性，圆锥表面取点只能用素线法或纬圆法。

例 11-3 如图 11-4 所示，求正圆锥与 V 面垂直面 P 相交时截交线的投影、截断面实形和截断后下半部锥面的展开图。

解 （1）截交线分析。在 V 面投影中，因截断面的积聚投影与锥轴斜交，且与锥面上所有素线都不平行，故 P 面与圆锥面的截交线是一个椭圆 K。

椭圆的 V 面投影积聚成直线。椭圆的 H 面、W 面投影均是椭圆，可求出一些截交点的投影来连得。

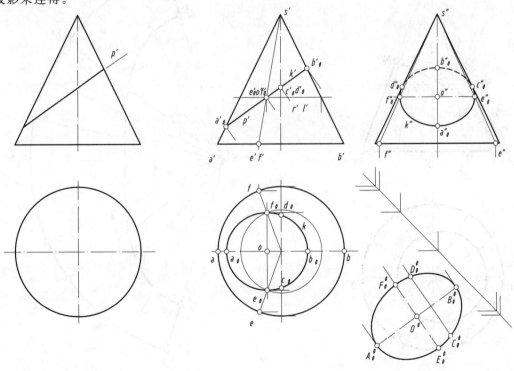

(a) 已知条件   (b) 截交点和截断面实形求法

图 11-4 正圆锥截交点和截断面实形作法

（2）截交点作法。

① 特殊点。首先作出椭圆的长、短轴端点。P 与圆锥 V 面投影外形线的交点，即为长轴的 V 面投影 $a'_0 b'_0$，$a'_0 b'_0$ 的中点即为短轴的 V 面投影 $e'_0 f'_0$。H 面投影 a_0，b_0 可直接用连系线求得，e_0，f_0 须用素线法或纬圆法求出。再由此作出长、短轴的 W 面投影 $a''_0 b''_0$ 和 $e''_0 f''_0$。P 与圆锥 V 面投影轴线的交点 $c'_0 d'_0$ 也是特殊点，因为 W 面投影 $c''_0 d''_0$ 是外形线上的点，是可见与不可见的分界点，可以直接从 V 面由连系线求得 W 面投影。再由 W 面投影求出 H 面投影 $c_0 d_0$，或用纬圆法直接求出 $c_0 d_0$。

② 一般点。如果特殊点不够多，还需补充一般点。一般点的取法就是用素线法或纬圆法在圆锥面上取点。

（3）可见性。因圆锥面的 H 面投影全部为可见的，故椭圆全部可见而画成实线。W 面投影中，因椭圆弧 $c''_0 a''_0 d''_0$ 位于可见的左半个圆锥面上而可见，而 $c''_0 b''_0 d''_0$ 位于右半个不可见的圆锥面上，故画成虚线。可见与不可见的分界点的投影，为位于投影外形线上的点 $c''_0 d''_0$。

（4）截断面实形。可用辅助投影面法，以平行于 P 面的平面作为辅助投影面 H 来作出。

求出一些截交点的辅助投影来连得椭圆实形。

（5）展开图。如图 11-5 所示，先在投影图中，将底圆分成若干等分，本图为 12 等分，并作

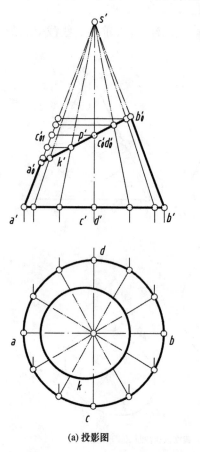

(a) 投影图

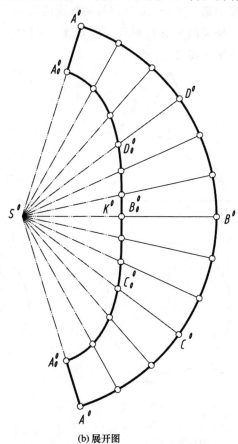

(b) 展开图

图 11-5 正圆锥面截断后展开图

出过等分点的锥面素线,即可画出带有等分点处素线的整个圆锥面的扇形展开图。然后由 V 面投影中量取实长来定出素线上截交点在展开图中位置。本图中的各段实长是应用旋转法,由各截交点的 V 面投影作水平线,与反映实长的 V 面投影外形线的交点来确定的。如由 c_0' 作水平线,相当于 C 点绕锥轴旋转时的旋转圆周的投影,与外形素线 $s'a'$ 交得 c_{01}',该外形素线 $s'a'$ 相当通过 C_0 点的素线 SC 绕了锥轴旋转至主子午面上的位置,与素线 SA 重合。

于是,在展开图上,在 S^0C^0 上取 $S^0C_0^0 = s'c_{01}'$,得 C_0^0。同样地作出其他各点,即可连得截交线的展开图。

图中用细双点画线表示截断后圆锥面上半部的展开图。如果在圆锥面截断后下半部的展开图上,再加上底面和截断面的实形,便成为下半部圆锥体的全部表面展开图。

例 11-4 作图 11-6 所示的带有切口的圆锥的三面投影。

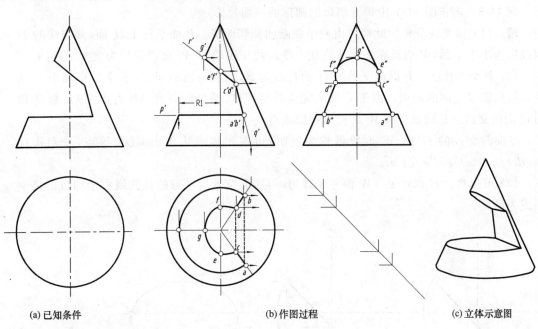

(a) 已知条件　　　　　　　　(b) 作图过程　　　　　　　　(c) 立体示意图

图 11-6　带有切口的圆锥

解 (1) 截交线分析。此切口由三个截断面截切而成。P 面的截交线为大半个圆,Q 面的截交线为四边形(三角形截交线的一部分),R 面的截交线为大半个椭圆。

(2) 截交点作法。P 面截交线的 H 面投影为圆,圆心与底圆同心,半径为 V 面中 p' 从外形线到轴线之间的距离 R_1。由于 P 面未完全截切圆锥,圆只能画到 AB 为止。AB 是 P 面与 Q 面的交线。P 面截交线 W 面投影积聚成直线。

Q 面通过锥顶,截交线为三角形,只要将锥顶与 AB 两点相连即可画出三角形的投影,但 Q 面并未延伸到锥顶,截交线只能画到 CD 为止。CD 是 Q 面与 R 面的交线。可分别作出 $abdc$ 和 $a''b''d''c''$。

R 面的截交线是椭圆,可用描点法画出 EGF 等点,用光滑的曲线连接 $cdfgec$ 和 $c''d''f''g''e''c''$。

(3) 可见性。H 面中两条交线被圆锥面所挡,不可见。W 面左半锥均为可见,而位于右半锥的截交线由于切口的镂空而成为可见。

11.1.3　圆球的截断

圆球的截交线在任何情况下都是圆。但由于截交线对投影面的位置不同,投影也不同。当截交线平行于投影面时,其投影为圆;垂直于投影面时,其投影积聚成直线;与投影面成倾斜位置时,其投影为椭圆。

在求作圆球的截交线时,首先应该判断出所求截交线投影的类型,是圆还是椭圆,根据不同类型进行求作。如果截交线是圆,应找出其圆心和半径;如果截交线是椭圆则可采用描点法求作,即求出椭圆长、短轴等特殊点,再加上若干中间点,就可以用光滑的曲线将它们连接起来。圆球表面取点只能用纬圆法。

例 11-5　求作图 11-7 中带有切口的圆球的三面投影。

解　(1) 截交线分析。此切口由两个截断面截切而成。P 面平行于 H 面,截交线的 H 面投影为小半个圆,W 面投影积聚成直线。Q 面截交线的 H、W 面投影均为大半个椭圆。

(2) 截交点作法。P 面截交线的 H 面投影为圆,圆心与底圆同心,半径为 V 面中 p' 从外形线到轴线之间的距离。由于 P 面未完全截切圆球,圆只能画到 AB 为止。AB 是 P 面与 Q 面的交线。P 面截交线 W 面投影积聚成直线。

Q 面截交线的 H 面、W 面投影均为椭圆,可应用描点法作出 CDE 等点,分别连接 $abgdecfa$ 和 $a''b''g''d''e''c''f''a''$。

(3) 可见性。H 面可见。W 面左半球为可见,而位于右半球的截交线由于切口的镂空而成为可见。

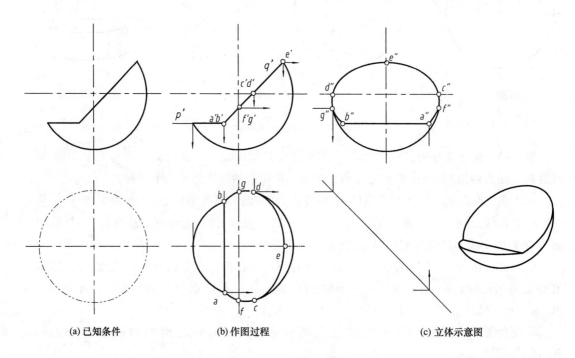

(a) 已知条件　　　　　　(b) 作图过程　　　　　　(c) 立体示意图

图 11-7　带有切口的圆球

11.1.4　一般形状旋转面的截断

一般情况下,截交线是不规则曲线。其求作方法是描点法,即求取若干个截交点后用光滑的曲线连接而成。旋转面表面取点的方法必须用纬圆法。

例 11-6　如图 11-8 所示,求旋转面与 V 面平行面 P 相交时截交线的投影。图中,旋转面的 H 面投影,只画出了主子午面前方的一半。

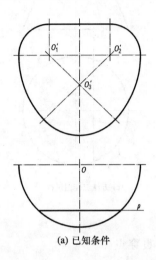
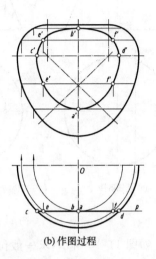

(a) 已知条件　　　　　　　　　　　　　　(b) 作图过程

图 11-8　旋转面截断图

解　(1) 截交线分析:截交线的 H 面投影积聚在 P 面上,V 面投影可求取若干个截交点后用光滑的曲线连接而成。

(2) 截交点作法:①特殊点。A、B 为最低最高点,因包含 ab 的纬圆与 P 面相切。在 H 面画出此纬圆,由连系线作出其 V 面投影(积聚成线),在此线上定出 $a'b'$。C、D 为 H 面外形线上点,对应的 V 面投影应在赤道上。②一般点。在 H 面任意作一纬圆,与 P 面交得 e,f,作出此纬圆的 V 面投影,用连系线得到 $e'f'$。

11.2　直线与曲面立体的相交

一般情况下,直线与曲面立体相交,有两个贯穿点。常用辅助平面法求解。

当应用辅助平面法求曲面立体的贯穿点时,选用的辅助平面,应使得它与曲面交得的辅助截交线的投影为直线或圆周。

例 11-7　如图 11-9 所示,求 V 面垂直线与正圆锥的贯穿点。

解　方法一,因直线的 V 面投影有积聚性,故贯穿点的 V 面投影与之重合。求 H 面投影时,可过直线作一辅助平面 P 平行 H,则辅助截交线为纬圆,其 H 面投影为一个等大的圆周,于是,可定出圆与直线的交点 l_1 和 l_2,即为贯穿点的 H 面投影。

方法二,也可过直线及通过顶点作辅助平面 Q 垂直 V 面,则辅助截交线为圆锥面上直素线 SB_1、SB_2。于是,sb_1、sb_2 与直线交得贯穿点 l_1 和 l_2。

因圆锥面对 H 面都是可见的,故截交点和直线也为可见的。

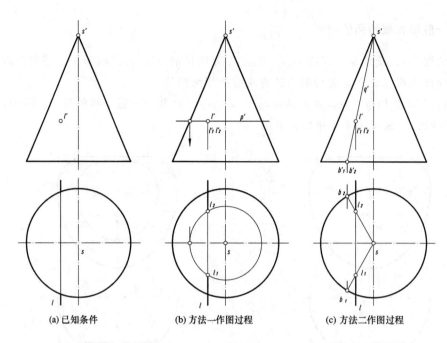

(a) 已知条件　　　　　　　　(b) 方法一作图过程　　　　　　　(c) 方法二作图过程

图 11-9　直线贯穿圆锥

例 11-8　如图 11-10 所示，求一般位置直线与圆锥的贯穿点。

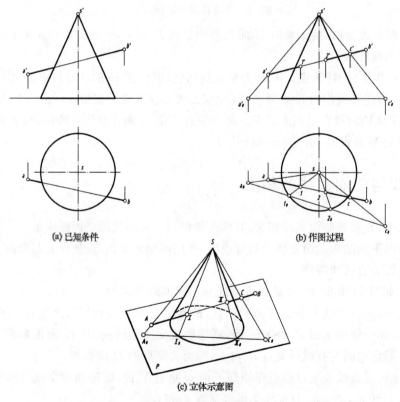

(a) 已知条件　　　　　　　　　　　　　(b) 作图过程

(c) 立体示意图

图 11-10　直线贯穿圆锥

解　如过 AB 作投影面(V 或 H)垂直面为辅助截平面,辅助截交线将为椭圆或双曲线时,作图麻烦又不准确。现如过锥顶与直线 AB 作一辅助截平面,可与圆锥面交于直素线而作图方便。

为此,过锥顶 S 与直线 AB 上任意两点 A、C 作辅助线 $SA(sa, s'a')$、$SC(sc, s'c')$,求出与锥底平面的交点 $A_0(a_0, a'_0)$、$C_0(c_0, c'_0)$,在 P 面上,连线 $A_0C_0(a_0c_0)$ 为辅助截平面与锥底平面的交线,与底圆交于两点 $\mathrm{I}_0(1_0)$、$\mathrm{II}_0(2_0)$。由之可作出辅助截交线 $S\mathrm{I}_0(s1_0)$、$S\mathrm{II}_0(s2_0)$,就与 AB 交得截交点 I,II 的 H 面投影 $1,2$。由之可求出 $a'b'$ 上 V 面投影 $1', 2'$。

可见性:两投影中,因截交点 I、II 均位于可见的锥面上,故 AB 上位于截交点以外线段均为可见。

例 11-9　如图 11-11 所示,求一般位置直线 AB 与斜圆柱的贯穿点。

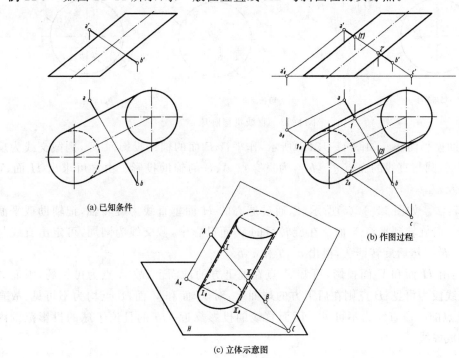

(a) 已知条件

(b) 作图过程

(c) 立体示意图

图 11-11　直线贯穿斜圆柱

解　如过 AB 作投影面垂直面为辅助截平面,辅助截交线将为椭圆。如过 AB 作平行于柱面的轴线(或素线)的辅助截平面,可与柱面交于直素线。

为此,过直线上一点 A,作辅助线 $AA_0(aa_0, a'a'_0)$,求出与柱底平面的交点 A_0,再利用 AB 与柱底平面的交点 C,可连得辅助截平面与柱底面的交线 $A_0C(a_0c)$,与底圆交于 I_0、(1_0)、$\mathrm{II}_0(2_0)$。由之可作得为素线的辅助截交线 $\mathrm{I}_0\mathrm{I}(1_01)$、$\mathrm{II}_0\mathrm{II}(2_02)$,与 ab 交得截交点 I、II 的 H 面投影 $1,2$,由此可在 $a'b'$ 上作得 V 面投影 $1', 2'$。

可见性:对于 H 面投影,因截交点 II 位于下方不可见柱面上,故点 2 到投影外形线间的线段不可见而画成虚线;对于 V 面投影,因截交点 I 位于后方不可见柱面上,故点 $1'$ 到投影外形线间线段为不可见而画成虚线。

例 11-10　如图 11-12 所示，求一般位置直线 L 与圆球面的贯穿点。

解　过 L 作垂直于 H 面的辅助截平面 P，辅助截交线为一个圆周，其 H 面投影与 P 面重合，V 面投影将是一个椭圆。为了避免绘制投影椭圆，现用投影变换法求解。

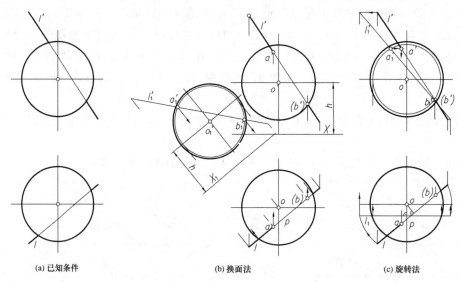

(a) 已知条件　　　　　　　(b) 换面法　　　　　　　(c) 旋转法

图 11-12　直线贯穿圆球

（1）辅助投影面法。如图 11-12(b)所示，作平行 P 面的辅助投影面 V_1，则截交线为反映实形的圆周，圆与直线的交点 a'_1、b'_1，为贯穿点 A、B 的辅助投影。由之可求出 H 面、V 面投影 a，b 及 a'，b'。

（2）旋转法。如图 11-12(c)所示，以通过球心的 H 面垂直线为旋转轴，把辅助截平面 P 连同直线一起旋转到平行 V 面。在旋转后的 V 面投影中，截交线为圆周，可定出直线与圆的交点 a'_1、b'_1。然后旋转回去，得出 a'、b' 和 a，b。

可见性：由 H 面和 V 面投影，可知 A 点在前上方的球面上，故 A 点为可见的，因而 A 点以外的直线段为可见；B 点则在后下方的球面上，对 H 面和 V 面，B 点均为不可见，故直线上靠近 B 点的一段直线为不可见。因而直线的投影靠近 b，b' 的且位于球的投影范围内的一段均画成虚线。

11.3　平面立体与曲面立体相交

11.3.1　平面立体与曲面立体的相贯线

（1）相贯线

平面立体与曲面立体的相贯线，一般情况下，由若干为平面曲线的相贯线段所组成，特殊情况下会产生直线段。其中，每一条相贯线段，为平面立体的某棱面与曲面立体上表面的截交线；每两条相贯线段的交点，为平面立体的某棱线与曲面立体上表面的贯穿点。因此，求平面立体与曲面立体的相贯线，实为求曲面立体的截交线和贯穿点。

（2）相贯线作法

平面立体与曲面立体的相贯线的作图步骤，一般有以下两种：

① 先求出平面立体的棱线对于曲面立体的贯穿点,即相贯点,在相贯点之间求作平面立体的棱面与曲面立体的截交线。

② 直接求出相贯线段来组成相贯线。

（3）相贯线的可见性

平面立体与曲面立体的相贯线的可见性,可逐段予以判定。只有位于平面立体的可见棱面上,又位于曲面立体的可见表面上,才是可见的。可见与不可见相贯线的分界点的投影,必在平面立体的外形棱线的投影上或曲面的投影外形线上。

11.3.2 相贯线作法举例

例 11-11 如图 11-13 所示,求正圆锥和三棱柱的相贯线。

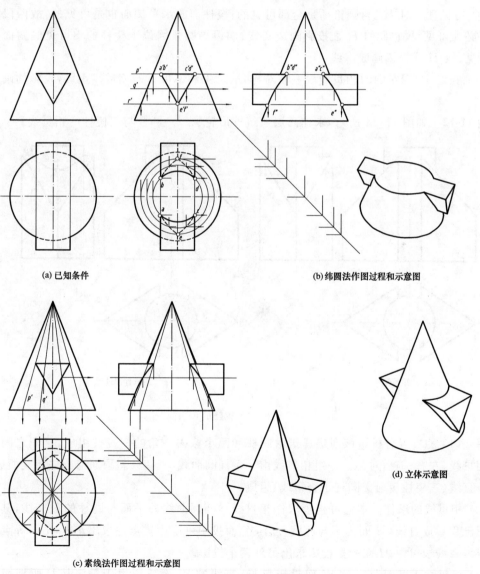

(a) 已知条件

(b) 纬圆法作图过程和示意图

(c) 素线法作图过程和示意图

(d) 立体示意图

图 11-13 圆锥和三棱柱相贯

解 （1）相贯线分析。相贯线是由三棱柱的水平棱面与圆锥面交成的前后两段圆弧和由三棱柱的两个对称的斜棱面与圆锥面相交后的前后四段椭圆弧组成。这些圆弧与椭圆弧之间的交点，为三棱柱的三条棱线与圆锥面的贯穿点。

（2）相贯线的求作。

求贯穿点：三条棱线与圆锥均有贯穿，因此有六个贯穿点 $ABCDEF$，可以包含这些棱线作辅助平面求出贯穿点的 H 面、W 面投影。

求截交线。AC 之间的截交线是圆，AE 和 CE 之间的截交线是椭圆。椭圆用两点不能相连，应在中间再插入点后用描点法画出。由于两个立体本身与相互之间的位置是前后、左右对称的，故相贯线亦前后、左右对称，可以根据对称性画出另一半。图 11-13（b）为利用圆锥面上纬圆作图；图 11-13（c）为利用圆锥面上直素线作图。

（3）可见性。对 H 面，圆锥面是全部可见的；棱柱面的水平棱面也是可见的，故两段相贯圆弧必为可见，故它们的 H 面投影画成实线；四段椭圆弧因位于棱柱的不可见倾斜面上而不可见，故 H 面投影画成虚线。

W 面投影中，因空间的相贯线段左右对称，故可见和不可见的相贯线重影，投影均画成实线。

例 11-12　如图 11-14 所示，求作高层建筑外形轮廓——圆柱与三棱柱的相贯线。

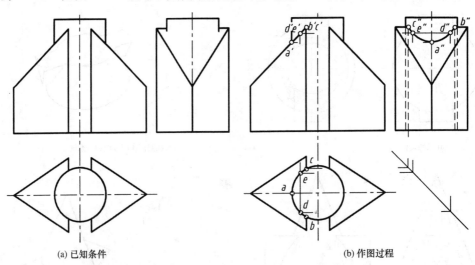

(a) 已知条件　　　　　　　　　　(b) 作图过程

图 11-14　圆柱与三棱柱的相贯线

解　（1）相贯线分析。该高层建筑由圆柱和两个截去一角的三棱柱组成，它们之间有两组相贯线，左右、前后对称。一组相贯线由一条椭圆曲线（三棱柱斜顶面与圆柱相交而成）和两条直线（三棱柱棱面交圆柱于直素线）组成。

（2）相贯线的求作。本题可直接求作相贯线。椭圆曲线即平面与圆柱的截交线，其 V 面投影已积聚成直线，H 面投影与底圆重合，W 面投影可应用描点法求出 $b''d''a''e''c''$ 等点连接而成。直线段可由 H 面积聚投影求出另外两个投影。

（3）可见性。椭圆曲线的 W 面投影可见，直线的 W 面投影由于被三棱柱所挡而不可见。

11.4　两曲面立体相交

11.4.1　两曲面立体的相贯线

（1）相贯线

两曲面立体的曲面部分的相贯线，一般情况下为空间曲线，特殊情况则是平面曲线，甚至有直线段。

（2）相贯线作法

相贯线是两曲面立体表面的共有线，相贯线上的点是两形体表面的共有点，因此求相贯线的作图可以归结为求两个曲面立体表面共有点的问题。求共有点即相贯点的一般方法有：

①积聚投影法。当曲面立体处于垂直于某投影面的柱面或棱面有积聚投影时，则相贯点在这个投影上的投影必位于这种积聚投影上，其余投影就可借助于另一曲面上的线作出。

② 辅助面法。取辅助面，分别与两个曲面交得两条辅助交线，则它们的交点就是两个曲面立体表面的共有点即为相贯点。

辅助面的选择，应使得与曲面交得的辅助交线的投影为直线或圆周。最为常用的辅助面是平面，特殊情况下也可采用辅助球面。

作图时常需作出一些特殊的共有点。例如，外形线上的相贯点，它相当于该外形线与另一曲面的交点。这种相贯点，有时并可为可见与不可见部分相贯线的分界点，以及相贯线的投影与曲面的投影外形线的切点。

（3）相贯线的可见性

两个曲面立体的相贯线的可见性，可逐段予以判定。只有位于两个曲面立体均为可见的表面上时，才是可见的。

11.4.2　相贯线作法举例

例 11-13　如图 11-15 所示，求两正圆柱的相贯线。

解　（1）相贯线分析。从投影中反映出，两圆柱一为水平放置，另一为竖直放置，水平圆柱完全穿过竖直圆柱，因而形成两组相贯线。

因直立圆柱面的 H 面投影和水平圆柱面的 W 面投影均为积聚投影，故相贯线 H 面投影和 W 面投影不需求作，只要作 V 面投影。

由于两个圆柱的形状和相对位置是前后、左右、上下均对称的，故相贯线的 V 面投影是前后重影并且左右、上下对称的。

（2）共有点作法。用辅助平面法时，因两柱的轴线均平行 V 面，故可取 V 面平行面作为辅助平面，它与两个圆柱均交于直素线。

求特殊点：包含两个圆柱的轴线作 P 平面，与两个圆柱均交于 V 面外形线，得到它们的四个共点 $a'b'c'd'$，为外形线上点。作 Q 平面与水平圆柱相切，它与水平圆柱交于一条直素线即切线，与竖直圆柱交于两条直素线，可以得到两个共点 $e'f'$，为最左最右点。

求一般点：在 P 面和 Q 面之间作 R 平面，它与两个圆柱都交于两条直素线，得到 4 个共点 $g'i'j'k'$。

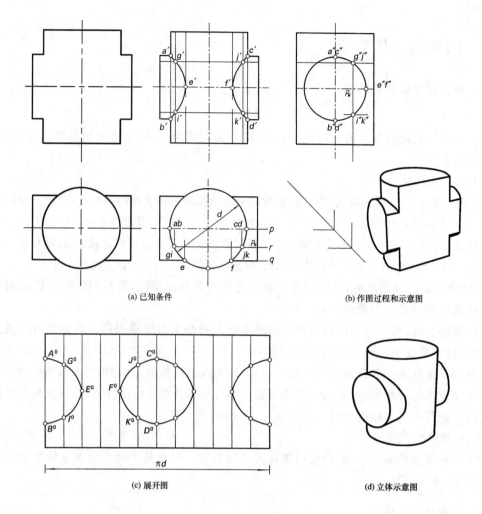

(a) 已知条件

(b) 作图过程和示意图

(c) 展开图

(d) 立体示意图

图 11-15 两圆柱相贯

设想用积聚投影法时,则可在 H 面上取一点如 k 作为相交点的 H 面投影,由此求出 k'' 和 k'。

从上列的各种作法中可以看出,仅是设想的不同,有关作图几乎是相同的。本图中,再多作一些相贯点的 V 面投影来相连,得到相贯线的 V 面投影。

（3）可见性。因相贯线前后对称而 V 面投影重影,且相贯线的前半部位于两圆柱的前半部上而可见,故 V 面投影画成实线。

（4）展开图。如图 11-15（c）所示画出具有相贯线的直立圆柱面的展开图,画法与图 11-2 中正圆柱面具有截交线的展开图相同。

例 11-14 如图 11-16 所示,求作东方明珠电视塔下部圆球与圆柱的相贯线。

解 为了使相贯线清晰可见和简化作图,将位置调整为图中所示位置。

（1）相贯线形状。有一组相贯线,为闭合的空间曲线,前后对称。

（2）相贯线作法。可取 H 面平行面作为辅助平面,它与两个曲面立体的截交线均为圆。也可以取 V 面平行面作为辅助平面,它与圆球的截交线为圆,与圆柱的截交线为直素线。本题 H 面有积聚投影,还可以用积聚投影法。下面取 V 面平行面作为辅助平面。

求特殊点:包含两个立体的轴线作 P 平面,与两个立体均交于 V 面外形线,得到它们的

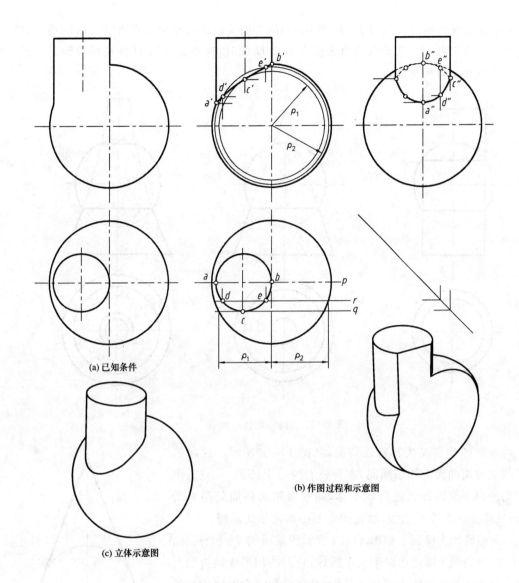

(a) 已知条件

(b) 作图过程和示意图

(c) 立体示意图

图 11-16 圆球与圆柱的相贯线

两个共点 $a'b'$，为外形线上的点。作 Q 平面与圆柱相切，它与水平圆柱交于一条直素线即切线，与球交于纬圆，可以得到一个共点 c'。

求一般点：在 P 平面和 Q 平面之间作 R 平面，它与圆柱交于两条直素线，与球交于纬圆，可以得到两个共点 d' 和 e'。

根据前后对称画出另一半即可。

（3）可见性。因相贯线前后对称而 V 面投影重影，且相贯线的前半部位于圆柱和圆球的前半部上而可见，故 V 面投影画成实线。在 W 面投影中，位于左半柱的相贯线可见，位于右半柱的相贯线不可见。

11.4.3 特殊情况的相贯线

特殊情况下，两旋转面的相贯线可以成为圆周、直线等。

（1）相贯线为圆周。如图 11-17 所示，两同轴的旋转面必相交于垂直轴线的圆周，该圆周为它们公有的纬圆。当轴线垂直于投影面如 H 面时，这些圆周的 H 面投影反映了实形，V 面积聚成水平方向直线。

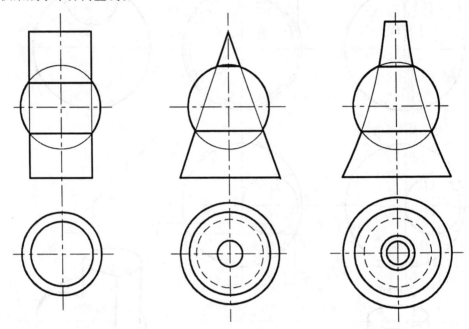

图 11-17　同轴旋转面相贯

两旋转面相切又为其特殊情况，如图 11-18 所示。这时的相贯线成为两曲面上相切圆周，亦为公有的一个纬圆。不过，由于相切的两个旋转面已融合成一体，两曲面相切圆周处是光滑的，即实际上不存在什么线，故在图中不必画出相切圆周。

（2）相贯线为椭圆。如图 11-19 所示圆锥面切于一个圆球，图 11-20 中的两个圆柱亦切于一个圆球，它们的相贯线均为两个椭圆。公有内切球的两个圆柱，实际上是直径相等和轴线相交的两圆柱。当轴线正交时，两个椭圆的大小相等；当轴线斜交时，两个椭圆的大小不等。

在这几个图中，因两旋转面的相交的轴线均平行 V 面，所以相贯线两椭圆的 V 面投影，均积聚成直线。

（3）相贯线为直线时。如图 11-21 所示，当两个相交柱面的素线平行时，相贯线是直线。

图 11-22 为十字拱顶，它由内外直径分别为相等的两个管状半圆柱柱面所构成。这时，内外圆柱面分别都相交成两个半椭圆。它们的 H 面投影，为两段十字形直线；V 面投影则积聚在半圆柱面的积聚投影半圆上。

如图 11-23（a）所示，为一节节薄壁圆柱面连续相交所构成的

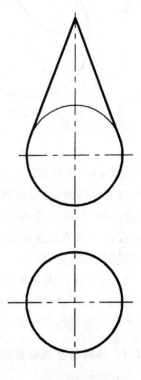

图 11-18　圆锥与圆球相切

— 152 —

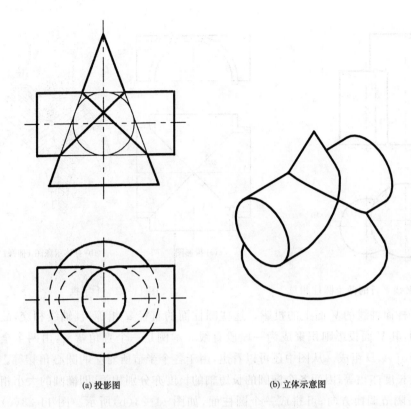

(a) 投影图　　　　　　　　(b) 立体示意图

图 11-19　具有内切球的圆柱与圆锥相贯

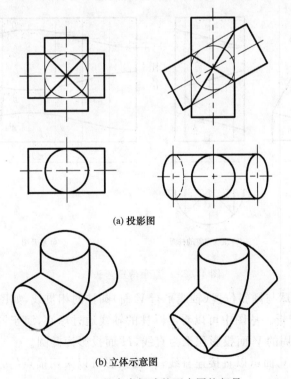

(a) 投影图

(b) 立体示意图

图 11-20　具有内切球的两个圆柱相贯

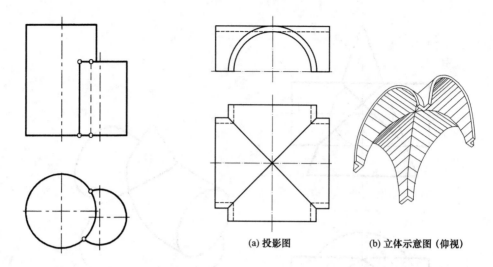

图 11-21　素线平行的两个圆柱相贯	(a) 投影图　　(b) 立体示意图（仰视） 图 11-22　十字拱

弯头在平行于柱面轴线的 V 面上的投影。这些圆柱面的直径 d 相等，且轴线相交，故相贯线为一个个椭圆，其 V 面投影则积聚成为一段段直线。本例是一个直角弯头，由两个全节 B、C 和首尾两个半节 A、D 组成。从图中还可以看出，由于各个半节所对应的圆心角相等。故各椭圆的投影直线长度亦相等，因而各个椭圆的长短轴的长度亦分别相等，即椭圆的大小相同。

如将弯头隔节调换方向，可拼成一个圆柱面，如图 11-23（b）所示。图 11-23（c）是其展开图。显然，由于各节的展开图可以拼成一个矩形，故能节省材料。

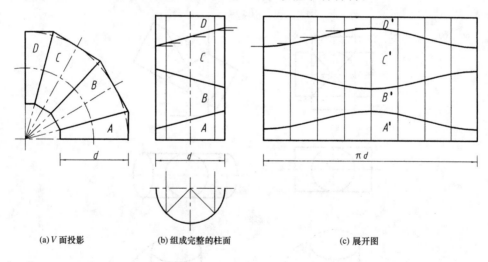

(a) V 面投影　　　　(b) 组成完整的柱面　　　　(c) 展开图

图 11-23　直角薄壁弯头

例 11-15　求作圆球与倾斜位置（轴线平行 V 面）圆柱的相贯线，如图 11-24 所示。

解　（1）相贯线分析。从图中可以看出圆柱的轴线通过球心，属于同轴的两个旋转体，其相贯线为圆周，该圆周的 V 面投影积聚为直线，H 面投影为椭圆。

（2）相贯线作法。V 面可以直接连直线，H 面投影可以采用描点的方法，例题中用的是平行于 V 面的纬圆法。

（3）可见性。V 面情况与上题相同，H 面位于下半柱上的相贯线不可见。

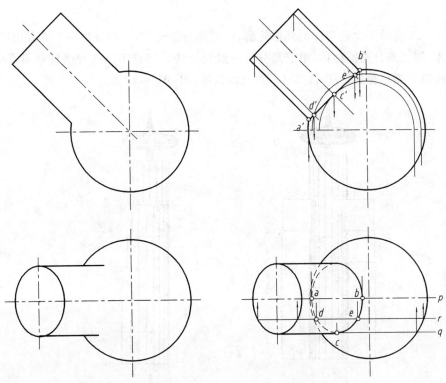

图 11-24　倾斜圆柱(轴线平行 V 面)与圆球的相贯线

11.5　曲面立体组成的建筑形体

图 11-25 为一建筑形体的外形轮廓，由大小不等的四个半圆柱体，一个圆柱体和一

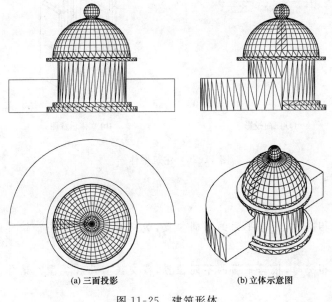

(a) 三面投影　　　　　(b) 立体示意图

图 11-25　建筑形体

个半球体组成,都是经过简单的叠加构成。图 11-25(a)为三面投影,图 11-25(b)为立体示意图。

如图 11-26 所示一建筑形体的外形轮廓,由三部分组成,第一部分是一个带有切口的空心半圆柱体,第二部分是圆柱体,第三部分是一般旋转体。切口半圆柱与圆柱相贯而成,旋转体与圆柱只是简单叠加。图 11-26(a)为三面投影,图 11-26(b)为立体示意图。

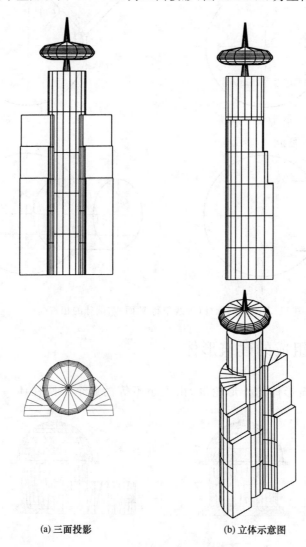

(a)三面投影 (b)立体示意图

图 11-26　建筑形体

复习思考题

1. 平面与圆柱相交时,根据平面的不同位置,截交线有几种类型? 请作一小结,并列表图示。

2. 平面与圆锥相交时,根据平面的不同位置,截交线有几种类型? 请作一小结,并列表图示。

3. 截交线、相贯线上的特殊点有哪些?

4. 怎样确定截交线、相贯线的可见性?

5. 运用截切、相贯等方法,设计建筑物的外形轮廓。

6. 有两根管子,一根是圆管,直径为 110mm,轴线垂直 H 面。另一根是方管,截面为 80mm×80mm,轴线垂直 W 面。二者的轴线在同一正平面内,圆管的上端部至方管轴线距离为 150mm,方管端部至圆管轴线距离为 200mm。试设计一节头将二者连接起来,并用硬纸板做出模型(管子长度可任意截取)。

7. 上题中,如方管的截面为 80mm×110mm,又将如何处理?

8. 图 11-16 中,能否取 H 面平行面作为辅助平面?为什么?

9. 用立体(包括平面立体和曲面立体)构造建筑形体的外形轮廓,画出三面投影。

12 轴测投影

12.1 轴测投影的基本知识

12.1.1 轴测投影的形成

图 12-1 是一个正方体向 V 面作正投影时的空间状况。该正方体的正面平行 V 面,投射线垂直 V 面。这样得出的投影,能够反映出正方体正面的真实形状和大小,但是不能反映其余表面的形状。因此,必须要有几个方向的正投影组合起来,相互补充,才能共同表示出一个立体。也就是说,正投影图中的每一个投影,不能反映出立体的空间形象,因而缺乏立体感。

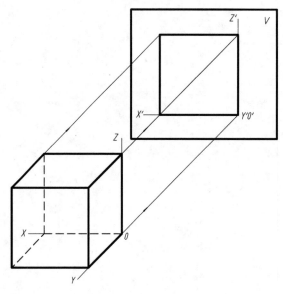

图 12-1 正投影的形成

现若改变立体对投影面的相对位置,或者改变投射线的方向,则能得到富有立体感的平行投影。

(1)改变立体对投影面的相对位置。如图 12-2(a)所示,将正方体对投影面放成倾斜位置,但投射线仍保持垂直于投影面 P 的方向,这时所得到的正投影就能反映出正方体三个方向的表面,也就是能反映出立体的空间形象,因而具有立体感。

(2)改变投射线对投影面的方向。如图 12-2(b)所示,仍使正方体的正面平行于投影面 P,而使投射线与投影面斜交,则这时所得到的斜投影,除了反映立体的正面实形外,还能反映出另外两个方向的表面,也就能反映出立体的空间形象,因而也具有立体感。

(3)既将立体放成对投影面倾斜的位置,又使得投射线对投影面倾斜,这样也能够得到反映立体空间形象的投影。

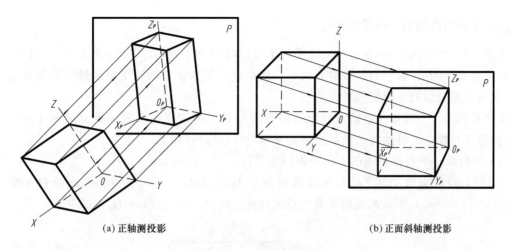

(a) 正轴测投影　　　　　　　　　　　　(b) 正面斜轴测投影

图 12-2　轴测投影的形成

　　如上所述,为了得到具有立体感的投影,必须使得投射线的方向,也就是人们观看立体的方向,能够通过立体的三个表面。

　　这种具有立体感的平行投影,称为轴测投影,通常也称为轴测图。

12.1.2　轴间角和轴向变形系数

　　如图 12-3 所示,将空间直角坐标系投射到 P 面上,得到 O_pX_p、O_pY_p、O_pZ_p,称为轴测轴,它们之间的夹角称为轴间角。

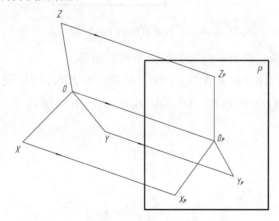

图 12-3　轴测轴的形成

　　假设在 X、Y、Z 轴上各取一个单位长度 E,向 P 面投影后得到的投影长度分别为 E_X、E_Y、E_Z,由于各轴与 P 面倾斜的角度不同,单位长度的投影长度也不同,投影长度与空间长度之比称为轴向变形系数。

$$\frac{E_X}{E}=p, \quad \frac{E_Y}{E}=q, \quad \frac{E_Z}{E}=r$$

p、q、r 分别称为 X 轴、Y 轴、Z 轴的变形系数。

12.1.3 平行两直线的平行投影特性

从图 12-2 中可以看出,正方体上不平行于投影面 P 的平面,在投影中将会变形;另外,不平行于投影面的直线,它们的投影方向和长度也会发生变化。如能了解这种变形和变化规律,就为轴测投影的作图提供理论依据。

轴测投影是平行投影(包括正投影和斜投影),而平行两直线又是一种常见的几何形式,它们的平行投影的特性将为轴测投影的基本特性,现说明如下:

(1)平行性。平行两直线的平行投影仍为平行。

图 12-4,设两直线 $AB /\!/ CD$,又因投射线 $AA_P /\!/ BB_P /\!/ CC_P /\!/ DD_P$,即投射平面 $ABB_PA_P /\!/ CDD_PC_P$,于是两投射平面与投影面的交线,即平行投影 $A_PB_P /\!/ C_PD_P$。

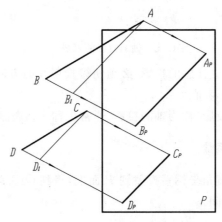

图 12-4 平行两直线的平行投影

(2)同比性。平行两直线的平行投影的变形系数相等。

图 12-4,分别过 A、C 作 $AB_1 /\!/ A_PB_P$,$CD_1 /\!/ C_PD_P$,与 BB_P、DD_P 交于 B_1、D_1 点。由于 $AB_1 = A_PB_P$,$CD_1 = C_PD_P$;并由于 $AB /\!/ CD$,$BB_1 /\!/ DD_1$,$AB_1 /\!/ CD_1$,故 $\triangle ABB_1 \backsimeq \triangle CDD_1$,于是

$$\frac{AB_1}{AB} = \frac{CD_1}{CD}$$

即

$$\frac{A_PB_P}{AB} = \frac{C_PD_P}{CD} = p$$

也就是说,平行两直线的平行投影的长度,分别与各自的原来长度的比值是相等的。等于其变形系数。

12.1.4 轴测投影的分类

当画轴测投影时,首先必须确定轴测轴的方向和变形系数。随着空间直角坐标系对投影面的相对位置,以及投射线对投影面的投射方向不同,轴测轴有无限多的方向和变形系数。

(1)按投射线对投影面是否垂直,可分为

① 正轴测投影。投射方向垂直于投影面。

② 斜轴测投影。投射方向倾斜于投影面。

(2) 按三个轴的变形系数是否相等,可分为

① 三等轴测投影。三个变形系数相等,又简称为等轴测投影。

② 二等轴测投影。任意两个变形系数相等。

③不等轴测投影。三个变形系数都不相等。

至于具体的每种轴测投影,还要由两个分类名称合并而得。如正轴测投影中的二等轴测投影,称为正二等轴测投影。

此外,在斜轴测投影中,若使轴测投影面平行于正立坐标面 OXZ 或水平坐标面 OXY,则在有关名称前加"正面"或"水平"两字,如正面斜二等轴测投影。

表 12-1 列出了工程上常用的几种轴测投影名称及其轴测轴方向和变形系数。其中每种轴测投影中的轴测轴方向和变形系数,均可由证明得出,本书从略。现将表中内容说明如下。

表 12-1   **常用的轴测投影**

种类	轴间角和轴向变形系数	轴测轴作法	例:正方体
正等轴测投影	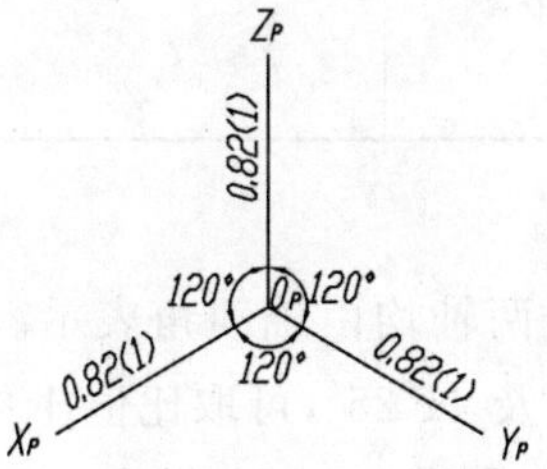	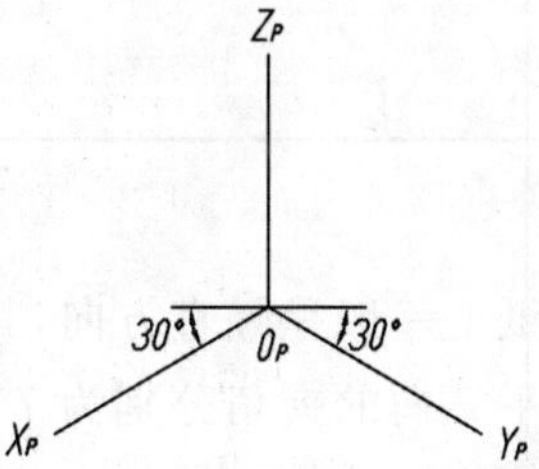	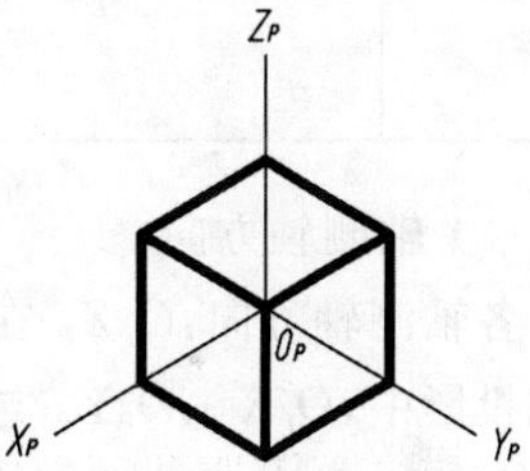
正二等轴测投影	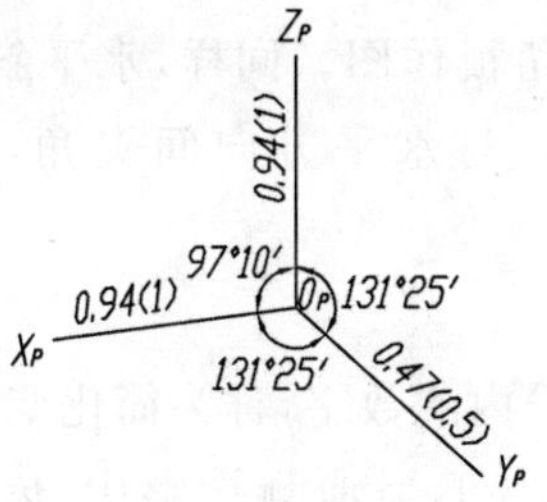	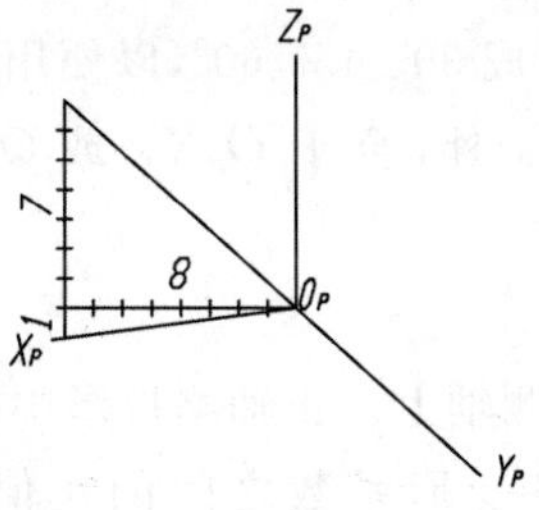	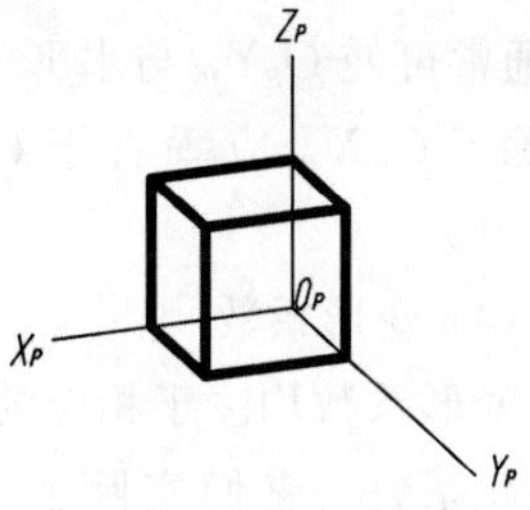
正面斜等轴测投影	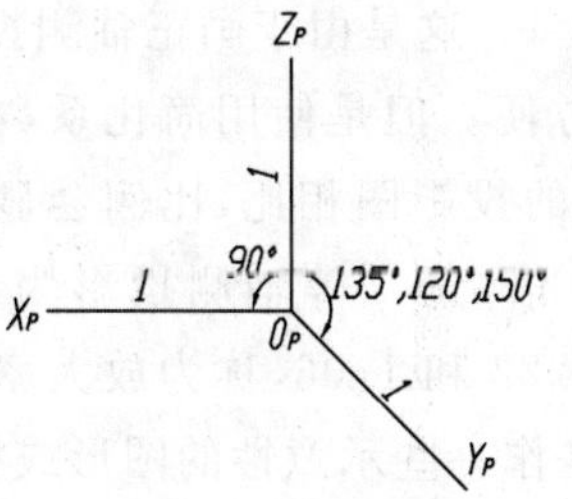	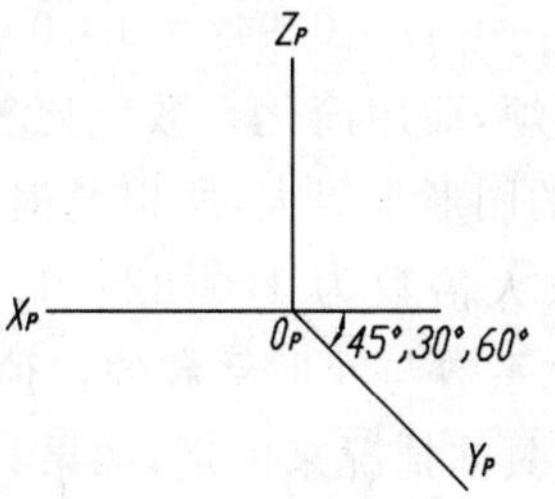	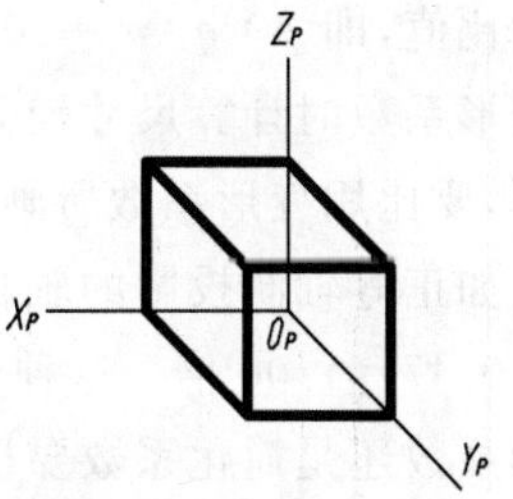

— 161 —

种类	轴间角和轴向变形系数	轴测轴作法	例:正方体
正面斜二等轴测投影			
水平斜等轴测投影			

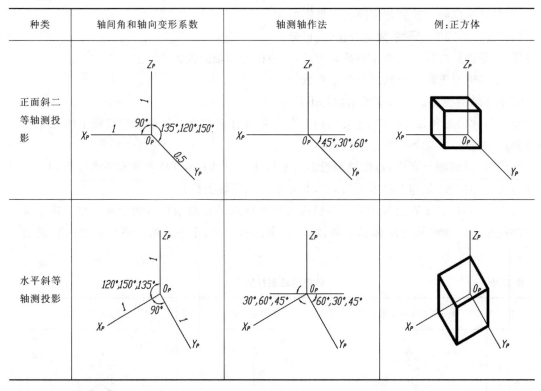

（3）轴测轴方向

各轴测轴方向：O_PZ_P 在图纸上一般呈竖直方向，其余两轴均由轴间角表示。在正二等轴测投影中，O_PX_P、O_PY_P 与水平方向的夹角分别为 $7°10'$ 及 $41°25'$，可取比值 $1:8$ 及 $7:8$ 来近似确定角度 $7°10'$ 及 $41°25'$（因为 $\tan7°10'≈1:8$，$\tan41°25'≈7:8$）；又如正面斜轴测投影中，除了 O_PX_P 应垂直 O_PZ_P 外，O_PY_P 的方向将随投射线方向的变化而变化，可为任意方向，通常可使 O_PY_P 与水平方向成 $30°$、$45°$、$60°$，以便用三角板作图。同样，水平斜轴测投影中，除了 O_PX_P 应垂直于 O_PY_P 外，至于 O_PX_P 或 O_PY_P 与水平方向间夹角，可为 $30°$、$45°$、$60°$。

（4）变形系数

变形系数均注于相应的轴测轴上。正轴测投影中括号内的数字，称为简化变形系数，简称简化系数。它们实际上是各变形系数之间的比值。如正等轴测投影中 $p:q:r=0.82:0.82:0.82=1:1:1$。正二等轴测投影中的简化系数是将最大的变形系数取为 1 时的比值，即 $p:q:r=0.94:0.47:0.94=1:0.5:1$。这是由于画正轴测投影时，如用变形系数时计算尺寸较为麻烦，而用简化系数就比较方便。但是使用简化系数所画出的图形，要比用变形系数所画得的图形来得大，所以与对应的投影图相比，比例会显得不相协调。如正等轴测投影的轴向放大倍数为 $1/0.82=1.22$ 倍，正二等轴测投影为 $1/0.94=0.5/0.47=1.06$ 倍。这种简化系数与变形系数的比值 1.22 和 1.06，称为放大率。是采用变形系数还是简化系数要根据具体情况来确定，如果只是作一些示意性的图形或构划草图，一般可采用简化系数。

（5）国家标准

国家标准（GB/T14692—2008）规定如下：

① 正等轴测图、正二等轴测图，均采用简化变形系数。分别简称为正等测和正二测。

② 正面斜轴测图，采用等轴测和二等轴测，但正面斜二等轴测中，Y 轴的变形系数 q 只采用 0.5 一种。分别简称为斜等测和斜二测。

③ 水平斜轴测图，除采用等测外，尚有二等测，但对 r 值没有说明。分别简称为水平斜等测和水平斜二测。

其中，正等测、正二测和正面斜二测最为常用。

12.2 轴测投影的画法

作形体的轴测投影时，应根据形体的形状特点，利用如直线的平行性等几何特性、辅助直线、次投影（正投影的轴测投影）、应用形体分析法甚至近似法等来简化作图。

12.2.1 平面立体

当直线平行坐标轴时，长度可度量，如果采用简化系数，可直接将轴向的投影长度量到轴测图上去。如果采用变形系数，则应将投影长度乘以变形系数后得到的数值量到轴测图上去。当直线不平行于坐标轴时，它的长度不能度量，应该定出其两个端点的坐标，相连而成。作平面立体的轴测投影，归结为作出其棱线的轴测投影。还可利用所述的各种方法来简化作图。

例 12-1 如图 12-5 所示，已知正六棱柱的正投影图，用变形系数画出其正等轴测投影。

解 如图 12-5 所示设置坐标轴，标注出相应的 $\Delta X,\Delta Y$ 和 ΔZ 等尺寸。

作出轴测轴 $O_P X_P$、$O_P Y_P$ 和 $O_P Z_P$，再作正六边形底面的轴测投影：用 $\Delta X_{1P}=0.82\times$

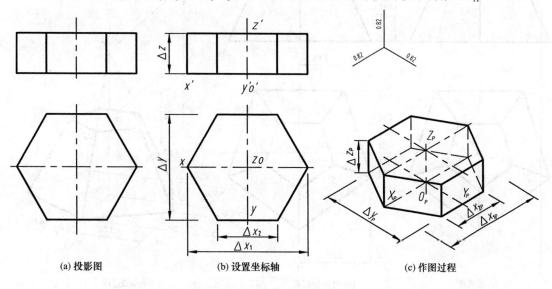

(a) 投影图   (b) 设置坐标轴   (c) 作图过程

图 12-5 六棱柱的正等轴测投影

ΔX_1作出位于X_P上的两点,再用$\Delta Y_P=0.82\times\Delta Y$和$\Delta X_{2P}=0.82\times\Delta X_2$作出其余的四个顶点,连成底面的轴测投影。

由底面上各顶点,作平行于O_PZ_P的直线,长度$\Delta Z_P=0.82\times\Delta Z$。于是可连成顶面的轴测投影。也可以利用$\Delta Z_P$只作出顶面上一点的轴测投影,由之连续作底面上各边的平行线来形成顶面的轴测投影,最后加粗可见的轮廓线。

从本例中可以看出,正等轴测投影如与正投影图排列在一起时,用变形系数作图,所得轴测投影大小,与正投影图相仿;假如用简化系数作图,由于放大1.22倍,所得轴测投影将比图12-5中轴测投影明显要大,与正投影图相比,将显得大小不协调,故此时不宜用简化系数作图。

例12-2 如图12-6所示,已知正五棱台的正投影图,用简化系数画出其正二等轴测投影。

解 设坐标轴位置如正投影中所示。投影图中并画出了五棱锥(台)的锥顶S的投影,以利作图。

先作出轴测轴。再作出底面的轴测投影。顶点A_P可在O_PY_P上量取$\Delta Y_{1P}=\Delta Y_1/2$,其余四点用坐标$\Delta X_{1P}=\Delta X_1$,$\Delta Y_{3P}=\Delta Y_3/2$和$\Delta X_{2P}=\Delta X_2$,$\Delta Y_{2P}=\Delta Y_2/2$等来量取。由于本图使用简化变形系数作图,故量取$X_P$坐标时,其长度等于$H$面投影中坐标长度,而在

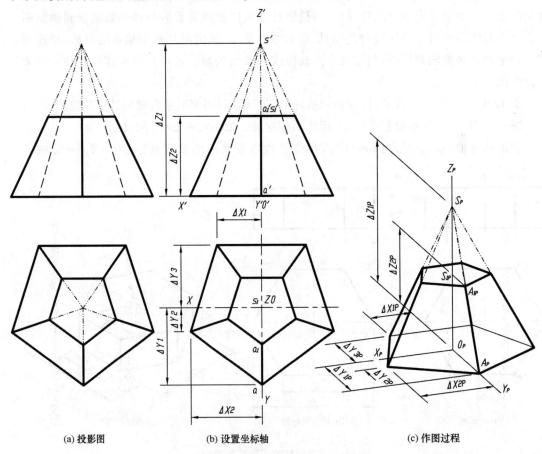

(a) 投影图   (b) 设置坐标轴   (c) 作图过程

图12-6　正五棱台的正二等轴测投影

量取 Y_P 坐标时,应等于其长度之半。

其次,在 $o'z'$ 上量取锥顶 S、锥台顶面中心 S_1 高度 ΔZ_1、ΔZ_2。然后在 $O_P Z_P$ 轴上,直接定出 S_P、S_{1P}。再由 S_P 连接底面上已作的五点如 A_P 等,可画得五棱锥的轴测投影。然后由 S_{1P} 作直线平行 $O_P Y_P$,与 $S_P A_P$ 交得 A_{1P},由 A_{1P} 连续作底面上各底边的平行线来完成全图。最后加粗可见的轮廓线。

例 12-3 如图 12-7 所示,已知截头三棱锥的正投影图,用简化系数画出其正二等轴测投影。

解 对于图中有截交线和相贯线时,可以先作它们的次投影,再根据次投影来作出它们的轴测投影,往往可以简化作图。本题先作出 V 面次投影,因为 V 面有截交线的积聚投影。

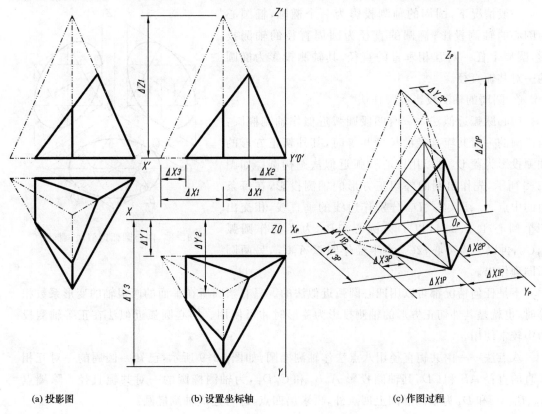

(a) 投影图 (b) 设置坐标轴 (c) 作图过程

图 12-7 三棱锥截断的正二等轴测投影

12.2.2 曲线

(1) 曲线的轴测投影

一般情况下,曲线的轴测投影仍是曲线,只要作出曲线上足够数量点的轴测投影,顺次连接起来即是。

平面曲线所在平面,若平行于投射方向,则其轴测投影成为一直线;若平行于轴测投影面时,则其轴测投影反映实形。

画平面曲线的轴测投影时,也可以先在反映曲线实形的图形中,作出方网格,然后画出网格的轴测投影,在上按照原来图形中曲线的位置画出曲线的轴测投影。这一方法,称为网格法。

空间曲线的轴测投影,可先作出曲线上一系列点的次投影,再逐点求作其轴测投影来顺次连接。

（2）圆周的轴测投影

① 圆周的轴测投影形状

当圆周平面平行于投射方向时,其轴测投影为一直线;当圆周平面平行于轴测投影面时,其轴测投影为一个等大的圆周。

例如,平行于坐标面 XOZ 的圆周的正面斜轴测投影,以及平行于坐标面 XOY 的圆周的水平斜轴测投影,均为等大的圆周。

一般情况下,圆周的轴测投影为一个椭圆,椭圆心为圆心的轴测投影;椭圆的直径为圆周直径的轴测投影,圆周上任一对互相垂直的直径,其轴测投影为椭圆的一对共轭直径。

② 圆周的轴测投影椭圆作法

四心圆弧近似法——由四段圆弧近似作轴测椭圆:当椭圆的一对共轭直径的长度相等时,其外切正方形的轴测投影为菱形,可以用四心圆弧近似法画椭圆。如图 12-8 所示,先作出圆的外切正方形的轴测投影,在每条边的中点 A_P、B_P、C_P、D_P 分别作边线的垂直线,相交出四个圆心 1、2、3、4,以 1 为圆心,$1B_P$ 为半径作圆弧 B_PC_P,再以 2 为圆心,$2C_P$ 为半径作圆弧 A_PC_P,另两圆弧同理作出。

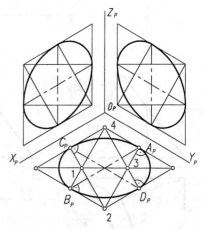

图 12-8　四心圆弧近似法画椭圆

不是任何情况都可以用四心圆弧近似法的。只有当圆所在平面的两根轴的变形系数相等时,也就是其外切正方形的轴测投影为菱形时才可使用。四心圆弧近似法在正等轴测投影中较常使用。

八点法——由共轭直径用八点法作轴测椭圆:如图 12-9 所示,已知一圆周的一对互相垂直的直径 AB 和 CD,其轴测投影 A_PB_P 和 C_PD_P,为轴测椭圆的一对共轭直径。除端点 A_P、B_P、C_P 和 D_P 为轴测椭圆上四点外,再求出四点,即可连成轴测椭圆。

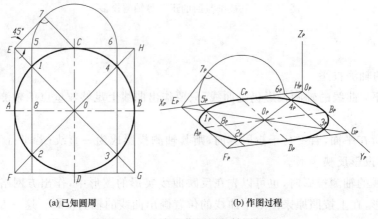

(a) 已知圆周　　　　　　(b) 作图过程

图 12-9　八点法作圆周的轴测椭圆

过 A_P、B_P、C_P 和 D_P，作共轭直径的平行线，得平行四边形 $E_P F_P G_P H_P$，必为圆周上外切正方形 $EFGH$ 的轴测投影。作出平行四边形的对角线 $E_P G_P$、$F_P H_P$，必为圆周外切正方形的对角线 EG、FH 的轴测投影。由 EG、FH 与圆周的四个交点 1、2、3、4 的轴测投影 1_P、2_P、3_P、4_P，必在 $E_P G_P$、$F_P H_P$ 与轴测椭圆的交点上。

设在平行四边形上任一边。以边长之半如 $C_P E_P$ 为斜边。作一等腰直角形；再以 C_P 为圆心、腰长为半径作圆弧，交 $E_P H_P$ 边于两点 5_P、6_P；由这两点作 $C_P D_P$ 的平行线交对角线于 1_P、2_P、3_P 和 4_P 四点。因为在图 12-9(a)中，$\triangle O18 \cong \triangle CE7$，$C5=C7=O8$；而 $C5:CE=C_P 5_P:C_P E_P$，故可由 5_P、6_P 来作图。

最后，光滑连接八点，即得轴测椭圆。此法称为八点法，适用于求圆周的轴测椭圆的各种场合。

12.2.3 曲面立体

圆柱、圆锥等曲面立体的轴测投影，都可归结为圆周的轴测投影。

（1）圆柱。如图 12-10 所示，圆柱的轴测投影，是在作出底圆和顶圆的轴测投影后，再作两椭圆的外公切线（本图平行于轴线）。即为圆柱的轴测投影外形线。显然，它们不是 V 面投影外形线的轴测投影。

（2）圆锥。如图 12-11 所示，圆锥的轴测投影，是在作出锥顶及底圆的轴测投影后，自前者向后者作两条切线，即为圆锥的轴测投影外形线。同样，它们不是 V 面投影外形线的轴测投影。

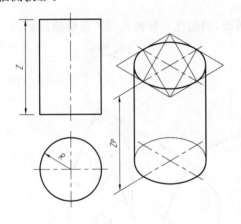

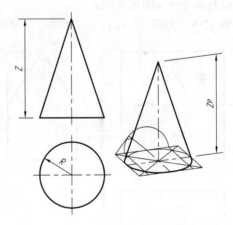

图 12-10　正圆柱的正等轴测投影　　　　图 12-11　正圆锥的正二等轴测投影

12.2.4 工程形体

工程形体一般为组合体，有平面立体的组合体，也有曲面立体的组合体。组合方式可以是简单的叠加、切割，也有是通过相贯、截交形成。对于简单组成的工程形体，只要依次画出形体的各个部分即可。对于有相贯线、截交线的，则可利用次投影等方法来作图。

通过以下的例题说明工程形体轴测投影的画法。

例 12-4　如图 12-12 所示，已知一台阶的正投影图，画出其正面斜二等轴测投影。

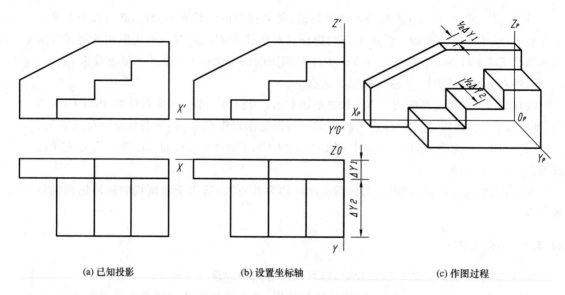

| (a) 已知投影 | (b) 设置坐标轴 | (c) 作图过程 |

图 12-12　台阶的正面斜二等轴测投影

解　作图步骤:(1)建立坐标轴和轴测轴,如图 12-12(b)所示。

(2)画出栏板的轴测投影,X_P、Z_P 方向不变,即 V 面投影照抄,Y_P 方向乘以变形系数 0.5。

(3)同理画出台阶的轴测投影。

(4)加粗可见的轮廓线。

例 12-5　如图 12-13 所示,已知一房屋的正投影图,用简化系数画出其正等轴测投影。

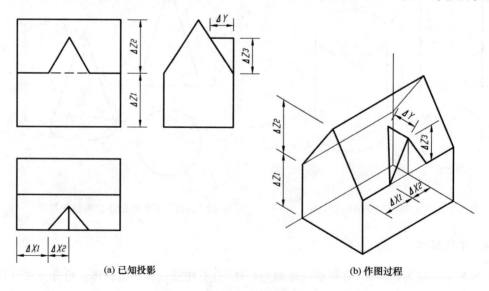

| (a) 已知投影 | (b) 作图过程 |

图 12-13　房屋的正等轴测投影

解　作图步骤:(1)建立轴测轴。

(2)三轴向实量各尺寸。

(3)根据量得的各尺寸画出轴测投影。

（4）加粗可见的轮廓线。

例 12-6 如图 12-14(a)所示，已知一高层建筑外轮廓的正投影图，用简化系数画出其正二等轴测投影。

解 作图步骤：（1）建立坐标轴和轴测轴。

（2）X_P、Z_P 方向实量，Y_P 方向乘以 0.5，画出下半部的四棱柱。

（3）画出上半部的四棱柱和四棱锥。

（4）画出两四棱柱之间的过渡部分。

（5）加粗可见的轮廓线。

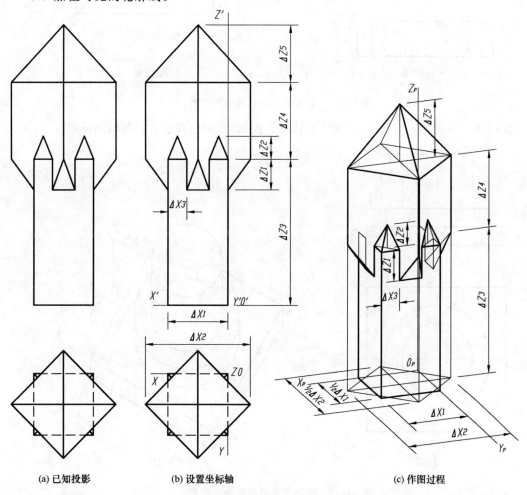

(a) 已知投影　　　　　(b) 设置坐标轴　　　　　　　　(c) 作图过程

图 12-14　高层建筑外轮廓的正二等轴测投影

例 12-7 如图 12-15 所示，已知一形体的正投影图，画出其正面斜等轴测投影。

解 作图步骤：（1）建立轴测轴并照抄 V 面投影。

（2）按实际尺寸向 Y_P 方向拉伸。

（3）加粗可见的轮廓线。

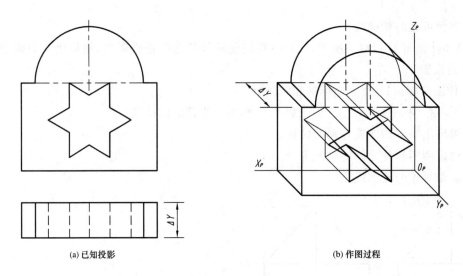

(a) 已知投影   (b) 作图过程

图 12-15   形体的正面斜等轴测投影

例 12-8   如图 12-16 所示,已知一形体的正投影图,画出其水平斜等轴测投影。

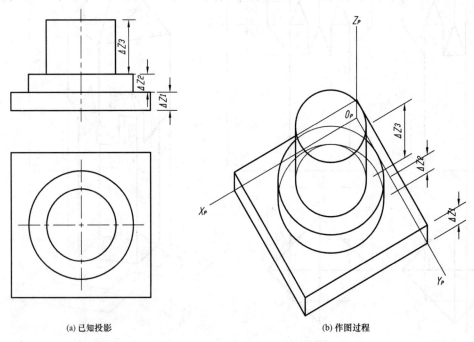

(a) 已知投影   (b) 作图过程

图 12-16   形体的水平斜等轴测投影

解   作图步骤:(1)建立轴测轴并照抄下部长方体的 H 面投影,按 ΔZ_1 向上拉伸。

(2) 在长方体的顶面上照抄中部圆柱的 H 面投影,按 ΔZ_2 向上拉伸后作两圆的公切线。

(3) 在中部圆柱的顶面上照抄上部圆柱的 H 面投影,按 ΔZ_3 向上拉伸后作两圆的公切线。

(4) 加粗可见的轮廓线。

例 12-9   如图 12-17 所示,已知一高层建筑外轮廓的正投影图,用简化系数画出其正等轴测投影。

解   (1) 建立轴测轴并画出大致轮廓(图 12-17(b))。

— 170 —

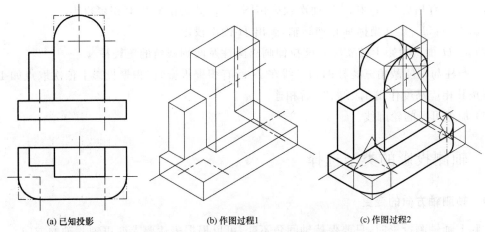

(a) 已知投影　　　　　(b) 作图过程1　　　　　(c) 作图过程2

图 12-17　高层建筑轮廓的正等轴测投影

（2）用四心圆弧法画出半圆柱和 1/4 圆柱,再作出相应的公切线。

（3）加粗可见的轮廓线。

例 12-10　如图 12-18 所示,已知一高层建筑外轮廓的正投影图,用简化系数画出其正二等轴测投影。

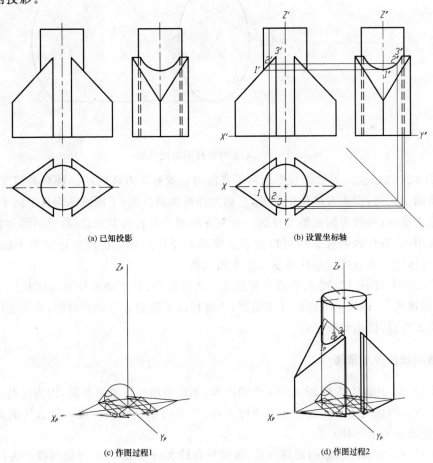

(a) 已知投影　　　　　　　　　　(b) 设置坐标轴

(c) 作图过程1　　　　　　　　　　(d) 作图过程2

图 12-18　高层建筑轮廓的正二等轴测投影

解 本题有相贯线,可利用 V 面次投影作图,因相贯线在 V 面有积聚投影。

作图步骤:(1)建立坐标轴和轴测轴,画出 H 面次投影。

(2)在 H 面次投影上按实际高度拉伸画出圆柱及两侧截角的三棱柱 。

(3)圆柱与两侧截角三棱柱的相贯线在 H 面有积聚投影,在积聚投影上依次取点如1、2、3,再按其相应高度作出 1_P、2_P、3_P 后相连。

(4)加粗可见的轮廓线。

12.3　轴测投影的类型选择

12.3.1　轴测轴方向的变更

实际上画轴测投影时,只要保持轴间角不变,可以根据表达要求变更轴测轴的方向。

(1)图 12-19 当用正等轴测投影表示水平方向的圆柱时,可使一轴平行于圆柱的轴线而布置成水平方向。

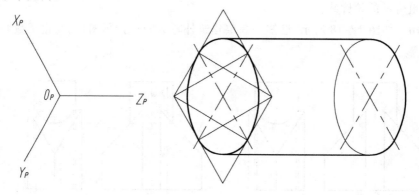

图 12-19　水平方向圆柱的轴测投影

(2)图 12-20 以正二等轴测投影表示了自前向后观看正方体时的四种典型情况:上面两图为自下向上观看,即正方体位于高处,可称为仰视轴测投影;下面两图为自上向下观看,即正方体位于低处,可称为俯视轴测投影。又左方两图为自右向左观看;右方两图为自左向右观看。画图时,各种轴测投影均可根据表达要求而予以选用。在图中还画出了轴测轴。实际上,正方体任一顶点的三条棱线都可作为轴测轴。

(3)图 12-21 和 图 12-22 为轴测投影形式的选择实例:其中梁板柱节点的正二等轴测投影,采用仰视形式,以表示节点的详细情况;木弦杆的正面斜二等轴测投影,采用上图自右向左观看形式为佳,以示切口形状。

12.3.2　轴测投影种类选择

(1)图 12-23 中的柱基和 图 12-24 中的拱顶,不宜采用正等轴测投影,因为这时的斜面交线成为竖直方向而与上下方棱线在一条线上,两曲面的相贯椭圆弧成一竖直线而显不出曲线形状,使图示效果不佳。

(2)图 12-25 为圆柱和球的轴测投影,为避免有较大的变形,以正等轴测投影为佳。

综上所述,应根据所示的形状来选择合适的轴测投影种类,甚至变更轴向。

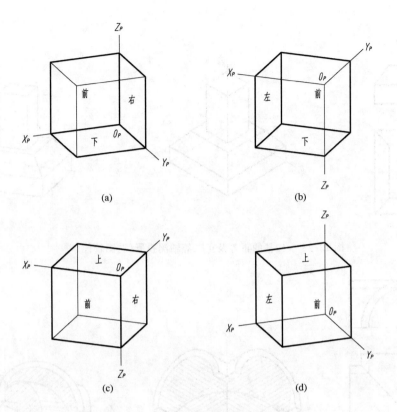

(a)

(b)

(c)

(d)

图 12-20　正方体轴测投影的不同形式

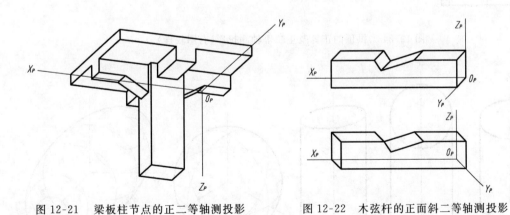

图 12-21　梁板柱节点的正二等轴测投影　　　图 12-22　木弦杆的正面斜二等轴测投影

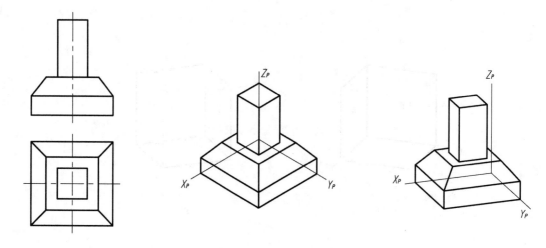

图 12-23　柱基的正等及正二等轴测投影（右图较佳）

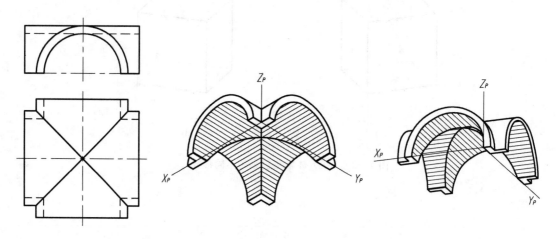

图 12-24　拱顶的正等及正二等轴测投影（右图较佳）

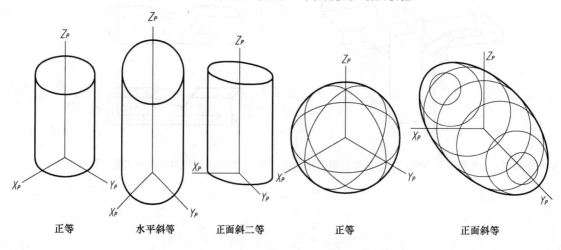

正等　　　　水平斜等　　　正面斜二等　　　　正等　　　　　正面斜等

图 12-25　圆柱和球的轴测投影

复习思考题

1. 轴向变形系数是怎样得出的？

2. 叙述作轴测投影的步骤。

3. 利用次投影作图时，截交线、相贯线上一般位置点的轴测投影如何作出？

4. 设计建筑形体，选择合适的轴测类型，画出轴测图。

5. 三等正轴测与三等正面斜轴测有什么区别？画出它们各自的轴。

6. 是非题

(1) 正轴测采用正投影方式形成，斜轴测采用斜投影方式形成。（　）

(2) 三等正轴测在任何方向都具有可度量性。（　）

(3) 圆的轴测投影在任何情况下都是椭圆。（　）

(4) 八点法适用于任何情况，而四心圆弧近似法只适用于圆所在平面两根轴的变形系数相等的情况。（　）

13　正多面体和空间结构

由于建筑和结构要求抽象的几何形式和功能、艺术的结合，以及技术、经济的合理性，空间结构在几何学上被认为是两个多面体表面形成边界的三维网格，如上海科技馆的球体结构（图13-1）。这种空间结构在技术上和视觉上都应有助于朝向由两个连续表面形成边界的一个连续的结构体。

图 13-1　上海科技馆的球体结构

通常情况下，一个空间结构可以认为是由一个或多个覆盖层构成的。当采用这种网格作屋顶时，这种三维的网格组成平面单元，不是沿着结构的一般弧度的一层，就是沿着结构的两层。插入在结构框架（因此，又作为强度构件）之中的这些二维构件，由于用杆件和节点网格加在这些杆件上而产生了细部阴影的效果，对结构的美进一步作出了贡献。从审美观点来看，它们完成了双重作用：它们提供了一个直观单位体，而且对整个结构也起了"动态"的作用。

任何空间网格，当简化为单一多面体表面时，除把多面体表面复原成一个平面的情况外，可以包括一个自撑框架结构。即，当厚的或薄的拱顶可以用单一的多面体表面来描绘和表达框架结构时（增加它的稳定性的三维的弯曲部分），一个平面层仅可以作为由两个平面形成边界的空间结构来表达。我们把后来的这种空间网格作为平面三维结构加以描述。构成一个多面体表面或以这样的两个表面作为界限的空间网格，称为空间结构，以表示它们在空间的发展。

空间结构的外观美，主要是由影响结构的技术条件和经济条件所决定的，即，整齐、匀称、规律性。实际上，不管空间框架结构的规模如何，组成的拉杆必适合于结构的强度和自身的稳定性、运输以及加工等所限定的长度和截面。显而易见，制作相同的杆件是最经济的。如果可能，节点也应当是相同的。

13.1 正多面体

凸多面体总是完全地在它的任何面所决定的平面的同一侧,凸多面体的面多边形和立体角也是凸的;一般情况下,一条直线与凸多面体相交于两点,一个平面截交凸多面体得到一个凸多边形。

一个凸多面体的面数 F、棱数 E 和顶点数 V 符合欧拉公式:

$$V+F-E=2 \tag{13-1}$$

13.1.1 正多面体的定义

正多面体是凸多面体,它们的所有表面都是全等的正多边形,而且所有的多面角也都是相等的。在正多面体中,所有的棱长度都相等,所有的二面角都相等。它们内接在一个球面内,同时还外切于同一个中心的一个球面。

设凸多面体的面数为 F,棱数为 E 和顶点数为 V,组成正多面体每个面的边数为 m,那么,F 个面共有 mF 条棱,但每一条棱为相邻两个面所公有,因此,$mF=2E$。

设正多面体的每一个顶点上的多面角有 n 条棱,那么,V 个顶点共有 nV 条棱,但每一条棱有两个顶点,因此 $nV=2E$。

所以 $F=\dfrac{2E}{m}$,$V=\dfrac{2E}{n}$,代入欧拉公式(13-1),得

$$\frac{2E}{n}+\frac{2E}{m}-E=2$$

也就是

$$\frac{1}{E}=\frac{1}{n}+\frac{1}{m}-\frac{1}{2} \tag{13-2}$$

由于正多面体多面角的面角和只能小于 $360°$,而正三角形的内角是 $60°$,因此,用正三角形组成的多面角只可能有三面角、四面角和五面角三种。六面角的面角的和 $6×60°=360°$,形成一个平面而不是一个多面角了。正方形的内角是 $90°$,用正方形只能组成正三面角。正五边形的内角是 $108°$,用正五边形也只能组成正三面角。正六边形的内角是 $120°$,用正六边形不能组成正三面角。多于 6 条边的正多边形都不能组成正三面角。

因此,当正多面体表面是正三角形,即 $m=3$ 时,可能有三种情况:

若 $n=3$,则 $E=6$,$F=4$,$V=4$;

若 $n=4$,则 $E=12$,$F=8$,$V=6$;

若 $n=5$,则 $E=30$,$F=20$,$V=12$。

当正多面体表面是正方形,即 $m=4$ 时,则 $n=3$,$E=12$,$F=6$,$V=8$。

当正多面体表面是正五边形,即 $m=5$ 时,则 $n=3$,$E=30$,$F=12$,$V=20$。

这就是说:用正三角形为面,只能构成正四面体、正八面体、正二十面体三种,用正方形为面,只能构成一个正六面体,用正五边形只能构成一个正十二面体。

因此,正多面体只有正四面体、正六面体,正八面体、正十二面体和正二十面体五种,它们的表面只能是正三角形、正方形和正五边形。图 13-2 为五种正多面体,它们的性质见表 13-1。

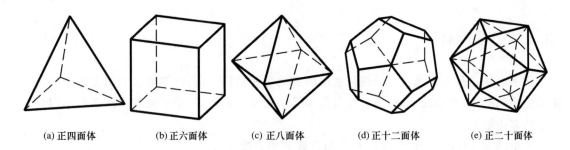

| (a) 正四面体 | (b) 正六面体 | (c) 正八面体 | (d) 正十二面体 | (e) 正二十面体 |

图 13-2　5 种正多面体

表 13-1 　　　　　　　　　　　　**正多面体的性质**

符号	正多面体的名称	数量			与外切球半径 R 的关系	
		面 $F=kF_i$	顶点 V	棱 E	棱长 m	内切球半径 r
T	正四面体	$4F_3$	4	6	$\dfrac{2}{3}\sqrt{6}R$	$\dfrac{1}{3}R$
C	正方体（正六面体）	$6F_4$	8	12	$\dfrac{2}{3}\sqrt{3}R$	$\dfrac{1}{3}\sqrt{3}R$
O	正八面体	$8F_3$	6	12	$\sqrt{2}R$	$\dfrac{1}{3}\sqrt{3}R$
D	正十二面体	$12F_5$	20	30	$\dfrac{1}{3}(\sqrt{15}-\sqrt{3})R$	$\sqrt{\dfrac{5+2\sqrt{5}}{15}}R$
I	正二十面体	$20F_3$	12	30	$\dfrac{1}{5}\sqrt{10(5-\sqrt{5})}R$	$\sqrt{\dfrac{5+2\sqrt{5}}{15}}R$

13.1.2　正多面体顶点的坐标

讨论正多面体顶点的坐标可以从正方体开始。设正方体的表面都平行于坐标面,坐标轴的原点在正方体的中心,则正方体各顶点的坐标为$(\pm s,\pm s,\pm s)$,其中 s 为正方体棱长 m_C 的一半,即 $m_C=2s$。

取正方体上交叉的对角顶点,连接后就构成正四面体。正四面体顶点的坐标为(s,s,s) $(-s,-s,s)(s,-s,-s)(-s,s,-s)$,它的棱长 m_T 为 $2\sqrt{2}s$,$m_T=\sqrt{2}m_C$。

取正方体各表面的中点,连接后就构成正八面体。正八面体顶点的坐标为$(s,0,0)$ $(-s,0,0)(0,-s,0)(0,s,0)(0,0,-s)(0,0,s)$,它的棱长 m_O 为 $\sqrt{2}s$,$m_O=\dfrac{\sqrt{2}}{2}m_C$。

在正方体各表面的中线上取两点,如图 13-3(a)所示,连接后就构成正二十面体。设正方体边长为 2,且正方体的表面都平行于坐标面,坐标轴的原点在正方体的中心,则正二十面体各顶点的坐标为$(\pm 1,\pm s,0),(0,\pm 1,\pm s),(\pm s,0,\pm 1)$,其中,$s$ 为正二十面体棱长的一半。由于所有棱长相等,有

$$\sqrt{(1-s)^2+s^2+1^2}=2s$$

$$s^2+s-1=0$$

舍去负根$\dfrac{-\sqrt{5}-1}{2}$,　　　　　　　　　　$s=\dfrac{\sqrt{5}-1}{2}$

于是,正二十面体棱长
$$m_1 = \frac{\sqrt{5}-1}{2} m_C$$

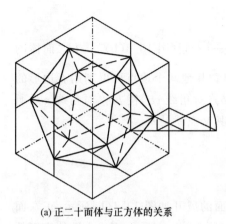 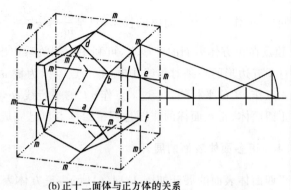

(a) 正二十面体与正方体的关系   (b) 正十二面体与正方体的关系

图 13-3　正二十面体和正十二面体与正方体的关系

在正方体各表面的中线上取两点,在正方体内近顶点处再各取一点,如图 13-3(b)所示,连接后就构成正十二面体。设正方体边长为 2,设正方体的表面都平行于坐标面,坐标轴的原点在正方体的中心,则正十二面体各顶点的坐标为 $(\pm1,\pm s,0)$,$(0,\pm1,\pm s)$,$(\pm s,0,\pm1)$,$(\pm t,\pm t,\pm t)$,其中前 12 个顶点在正方体表面上,s 为正十二面体棱长的一半。

用矢量表示对角线 cd 为 $\{s-1,s,1\}$,由于正五边形的对角线与边长的比为 $\frac{1+\sqrt{5}}{2}$,所以有

$$\sqrt{(s-1)^2+s^2+1^2}=(1+\sqrt{5})s$$
$$(2+\sqrt{5})s^2+s-1=0$$

舍去负根
$$s=\frac{-1+\sqrt{9+4\sqrt{5}}}{4+2\sqrt{5}}=\frac{-1+(2+\sqrt{5})}{4+2\sqrt{5}}=\frac{3-\sqrt{5}}{2}$$

于是,正十二面体棱长
$$m_D = \frac{3-\sqrt{5}}{2} m_C。$$

不在正方体表面上的那种棱的两顶点为 $(s,1,0)(t,t,t)$,棱长为
$$\sqrt{(t-s)^2+(1-t)^2+t^2}=2s$$

解得 $t=\frac{\sqrt{5}-1}{2}$。

13.1.3　正多面体的作法

从上面式子中可以得出:

$$\frac{正方体棱长}{正二十面体棱长}=\frac{正二十面体棱长}{正十二面体棱长}=\frac{1+\sqrt{5}}{2}=\varphi \qquad （这是黄金分割的数值）$$

从这些关系式,可以作出内接在正方体内的正十二面体和正二十面体的。

设 mm 是正方体表面的中线,顶点为 A,PP 是内接于正方体的正二十面体的棱长,棱

长的比例 $\dfrac{m_C}{m_1}=\varphi$。正二十面体的所有顶点 P 都能利用比例关系求出（图 13-3(a)），连接对应顶点就得到正二十面体的投影。

同样，可作出正十二面体的投影，只是 $\dfrac{m_C}{m_D}=\varphi^2=\dfrac{3+\sqrt 5}{2}$ 不同（图 13-3(b)）。十二面体的 12 个顶点在正方体表面的中线上，可利用比例关系作出。其他八个顶点可以利用五边形的棱平行于五边形的一条对角线作出，如 b 点。因为棱 ab ∥ 对角线 cd，棱 be ∥ 对角线 af，所以过 a 点作 cd 的平行线 ab，过 e 点作 af 的平行线 eb，其交点就是 b。

正四面体、正八面体的作图过程留给读者自己完成。

13.1.4　正多面体表面的展开

正四面体表面的展开如图 13-4(a)所示，正方体表面的展开如图 13-4(b)所示，正八面体表面的展开如图 13-4(c)所示，正十二体表面的展开如图 13-4(d)所示，正二十面体表面的展开如图 13-4(e)所示。

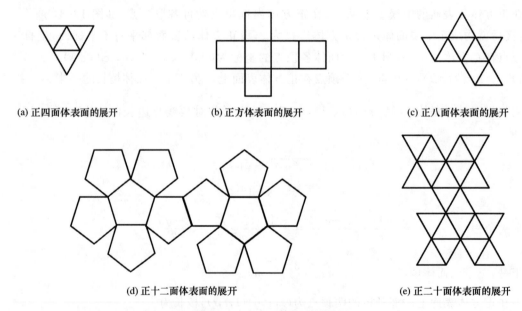

(a) 正四面体表面的展开　　　　(b) 正方体表面的展开　　　　(c) 正八面体表面的展开

(d) 正十二面体表面的展开　　　　(e) 正二十面体表面的展开

图 13-4　正多面体表面的展开

13.2　半正多面体

半正多面体是从正多面体中派生出来的。它们也是凸多面体。一个半正多面体的面有 2 种或 3 种正多边形，同一类型的正多边形是全等的，其多面角是相等的，但组成多面角的各个平面角不完全一样。半正多面体具有等长的棱，且可以内接在一个球面内，但不能外切于一个同心球。

形成半正多面体的方法有三种：

(1)关于顶点对称的平面截割正多面体；

(2)平行边棱的平面再加上对顶点对称的平面截割正多面体；

（3）通过缩小表面并围绕它们的中心旋转，使形成的多边形具有相同的边数。

用这几种方法生成的半正多面体都在表 13-2 中详细地表示出来，在表中，面的总数 F 表示为各种类型面的总和，$\sum$ 后 F 前的数字 k 表示面的个数，F 后的数字 i 表示面的边数。

表 13-2 中给出半正多面体的面数、顶点数和棱数。

代号	半正多面体的名称	数 量			来源
		面 $\sum kF_i = F$	顶点 V	棱 E	
A I	平截四面体	$4F_6 + 4F_4 = 8$	12	18	T,T
A II	立方八面体	$6F_4 + 8F_3 = 14$	12	24	C,O
A III	偏方十二面体	$12F_5 + 20F_3 = 32$	30	60	D,I
A IV	平截八面体	$8F_6 + 6F_4 = 14$	24	36	C,O
A V	斜截二十面体	$20F_6 + 12F_5 = 32$	60	90	D,I
A VI	斜截立方体	$6F_8 + 8F_3 = 14$	24	36	C,O
A VII	斜截十二面体	$12F_{10} + 20F_3 = 32$	60	90	D,I
A VIII	菱形的立方八面体	$18F_4 + 8F_3 = 26$	24	48	C,O
A IX	菱形的偏方十二面体	$12F_5 + 30F_4 + 20F_3 = 62$	60	120	D,I
A X	斜截立方八面体	$6F_8 + 8F_6 + 12F_4 = 26$	48	72	C,O
A XI	斜截偏方十二面体	$12F_{10} + 20F_6 + 30F_4 = 62$	120	180	D,I
A XII	旋转的立方体	$6F_4 + 32F_3 = 38$	24	60	C,O
A XIII	旋转的十二面体	$12F_6 + 80F_3 = 92$	60	150	D,I

13.2.1 截割顶角生成的半正多面体

经过棱的中点的平面，可以截割正四面体成正八面体，如图 13-5(a)所示；截割正方体、

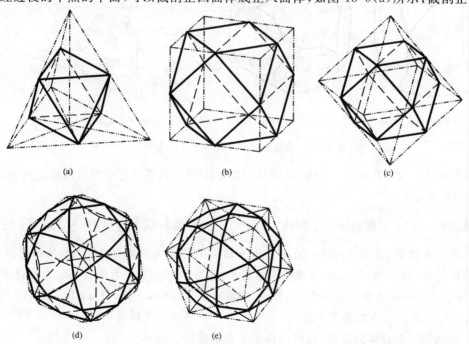

(a)　　　　　(b)　　　　　(c)

(d)　　　　　(e)

图 13-5　截割正多面体成正多面体、半正多面体

正八面体成立方八面体（AⅡ），如图 13-5（b）、（c）所示；截割正十二面体、正二十面体成偏方十二面体（AⅢ），如图 13-5（d）、（e）所示。注意，图 13-4（b）、（c）是同一种多面体，图 13-5（d）、（e）也是同一种多面体。

经过棱的 1/3 点的平面，可以截割正四面体、正八面体、正二十面体成平截四面体（AⅠ）（图 13-6（a））、平截八面体（AⅣ）（图 13-6（b））、斜截二十面体（AⅤ）（图 13-6（c））。组成正四面体、正八面体、正二十面体的表面都是正三角形，在顶点处按棱长 1/3 截割，剩下的是一个正六边形。斜截二十面体是由正五边形和正六边形构成，表面变化简单，又非常接近球形，众人熟悉的足球就出于这一造型。

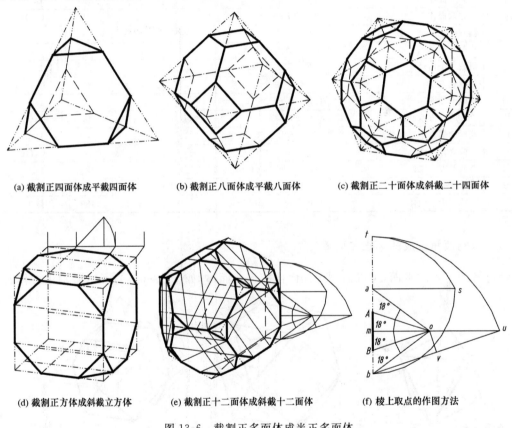

(a) 截割正四面体成平截四面体　　(b) 截割正八面体成平截八面体　　(c) 截割正二十面体成斜截二十四面体

(d) 截割正方体成斜截立方体　　(e) 截割正十二面体成斜截十二面体　　(f) 棱上取点的作图方法

图 13-6　截割正多面体成半正多面体

把棱长按 $1:\sqrt{2}:1$ 截割正方体，形成斜截立方体（AⅥ），正方形截割后形成正八边形，如图 13-6（d）所示。

把棱长按 $x:1:x$ 截割正十二面体，$x=\dfrac{1}{2\cos36°}$，形成斜截十二面体（AⅦ），正五边形截割后形成正十边形，如图 13-6（e）所示。棱上取点的作图方法如图 13-6（f）所示。设 ab 为正五边形的边，以 a 为圆心，ab 为半径作圆弧 bs；以 ab 的中点 m 为圆心，ms 为半径作圆弧 st；以 m 为圆心，mt 为半径作圆弧 tu；作 bu 的垂直平分线 vo，交 mu 于 o；作 $\angle moa$ 的角平分线交 ab 于 A，作 $\angle mob$ 的角平分线交 ab 于 B，AB 就是正十边形的边。

换一种截割正多面体的方法，也可以得到半正多面体。

由连接正四面体的顶点到对棱的 1/3 等分点，然后取这些直线的交点得到在正四面体的每个面上的一个三角形，这个三角形是反向同位相似于正四面体的面三角形的，从而得到多面体 AⅠ，如图 13-7(a)所示，通过这些三角形的三条边形成平行于正四面体的平面，也就能作出 AⅠ 的六边形表面。

从正方体切掉它的每个顶点而得到平截八面体(AⅣ)，切割平面通过汇交在一个顶点的相应棱的 3/4 处点(远离该顶点的)。其结果是：以在正方体的面上有相同中心的正方形，及对应于正方形的顶点的正六边形，如图 13-7(b)所示。

通过应用从正四面体得到 AⅠ 的类似作图方法，从正八面体可得到斜截立方体(AⅥ)；只不过把正八面体的棱分割成为 $1 : \sqrt{2} : 1$，如图 13-7(c)所示。

由正十二面体切掉它的每个顶点而得到斜截二十面体 AⅤ(足球)，所用的截平面通过位于沿着棱到相应顶点距离为 $\dfrac{6}{9-\sqrt{5}}$ 的点切割而成的，如图 13-7(d)所示。

正二十面体有 12 个顶角，把这些顶角割掉形成 12 个正十边形，在原 20 个面上保留一个三角形，得到一个斜截十二面体，如图 13-7(e)所示。

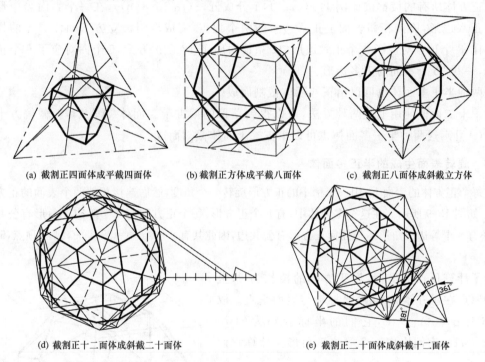

(a) 截割正四面体成平截四面体　　(b) 截割正方体成平截八面体　　(c) 截割正八面体成斜截立方体

(d) 截割正十二面体成斜截二十面体　　　　(e) 截割正二十面体成斜截十二面体

图 13-7　截割正多面体成半正多面体

13.2.2　截割顶角和截割棱边生成的半正多面体

第二种截割方法，用两种类型的平面截割正多面体，一种平面截割顶角；另一种平面截割棱边。例如，从正方体就可以得到多面体 AⅧ(图 13-8(a))。首先，把正方体所有的棱都按比例 $1 : \sqrt{2} : 1$ 分成三段，在每个表面当中形成一个正方形，连接相邻表面上正方形的两个顶点，完成菱形的立方八面体(AⅧ)的投影。这样，8 个顶点对应于 8 个三角形，8 条棱对应于 8 个正方形，6 面对应于 6 个正方形，由于棱长都相等，所以，这 14 个正方形全等。

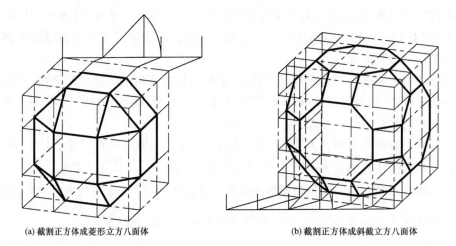

(a) 截割正方体成菱形立方八面体   (b) 截割正方体成斜截立方八面体

图 13-8　截割正多面体成半正多面体

把正方体所有的棱都按比例 $1:1:\sqrt{2}:1:1$ 分成五段（图 13-8(b)），在每个表面当中形成一个正八边形，连接相邻表面上正八边形的两个顶点，完成准斜截立方八面体 AⅩ 的投影。这样，8 个顶点对应于 8 个正六边形，12 条棱对应于 12 个正方形，6 个面对应于 6 个正八边形，一共 26 个不同的正多边形。

这两种半正多面体也可以由正八面体截割而成。

对正十二面体使用上述两种方法，可以得到菱形的偏方十二面体（AⅨ）和斜截偏方十二面体（AⅪ），这两种半正多面体也可以由正二十面体截割而成。

13.2.3　旋转表面生成的半正多面体

在每个正方体的表面上，用一个稍小的正方形旋转一个角度，然后连接相邻两个表面的正方形顶点，如图 13-9 所示。在这个多面体中，有 6 个正方形，每个正方形与 4 个等边三角形有公共棱边，还有 8 个等边三角形不与任何正方形有公共边，因此共有 6＋24＋8＝38 个面，24 个顶点，60 条棱。

为了计算顶点的坐标，设正方体的棱长为 2，坐标轴的原点在正方体的中心，坐标轴与表面垂直。取多面体上三点 A、B、C，它们的坐标分别为（$1st$）（$1-ts$）（$st1$），它们构成一个等边三角形。计算它们的边长，有

$$(s-t)^2+(s-t)^2=(1-s)^2+(s-t)^2+(1-t)^2$$
$$=2(1-s)^2+(2t)^2$$
$$1-s-t-st=0$$
$$t^3+t^2+3t-1=0$$

得　　　　$t=0.29559, s=0.43611$

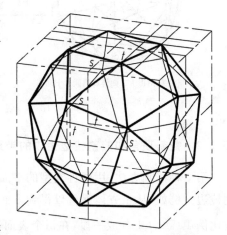

旋转正八面体表面中的三角形，也能得到这同样的多面体，这 8 个三角形就是多面体中与正方形没有公共边的那 8 个，其作图方法请读者自己完成。

图 13-9　旋转表面生成的半正多面体

把正方体换成正十二面体，正方形换成正五边形，可以生成 AⅩⅢ 半正多面体。同样，旋转正二十面体表面中的三角形，也能得到这同样的 AⅩⅢ 半正多面体，它的面数、顶点数、棱数见表 13-2，其作图方法请读者自己完成。

综上所述，13 种半正多面休，具有两种类型面的有 10 种，具有 3 种类型面的有 3 种。

按照面的总数，13 种半正多面体排列如下：

8 面：AⅠ

14 面：AⅡ，AⅣ，AⅥ

26 面：AⅧ，AⅩ

32 面：AⅢ，AⅤ，AⅦ

38 面：AⅫ

62 面：AⅨ，AⅪ

92 面：AⅩⅢ

13.2.4 等棱长多面体

等棱长多面体有两种类型，一种是直棱柱，一种是反棱柱。

直棱柱内接在一个球面内，具有两个正多边形作为底面，这两个正多边形是全等的正 n 边多边形（$n > 2$），而侧面是 n 个正方形（图 13-10(a)），因此，直棱柱有无限多种。直棱柱中有一个以正方形作为底面，它与正方体是完全相同的。

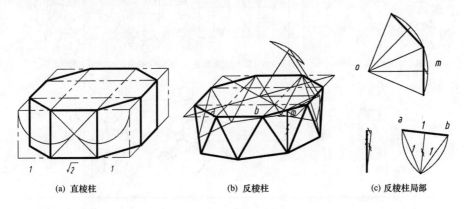

| (a) 直棱柱 | (b) 反棱柱 | (c) 反棱柱局部 |

图 13-10　直棱柱、反棱柱

反棱柱也内接在一个球面内，它的两个底面也是全等的正 n 边形，其中一个多边形相对于另一个多边形转过 $360°/2n$ 的角度，而侧面是总数为 $2n$ 的等边三角形。反棱柱体中有一个以等边三角形作为底面，它与正八面体完全重合。

例 13-1　作一个八边形的反棱柱（图 13-10(b)）。

解　上底面的作图与图 13-10(a)相同。反棱柱下面的底面正八边形平行并全等于上面的八边形，只不过旋转了 45°/2。在投影中，利用轴测投影中比例保持不变的性质，作平面正八边形，再旋转 22.5°，如图 13-10(c)所示，并按实长的比例，在投影中作 m 点；两个底面间的距离由直角三角形方法求出，其中直角三角形的斜边为侧面等边三角形的高，短的直角边为 mp，如图 13-10(c)所示。

13.2.5 半正多面体表面的展开

平截四面体表面的展开如图 13-11(a)所示,立方八面体表面的展开如图 13-11(b)所

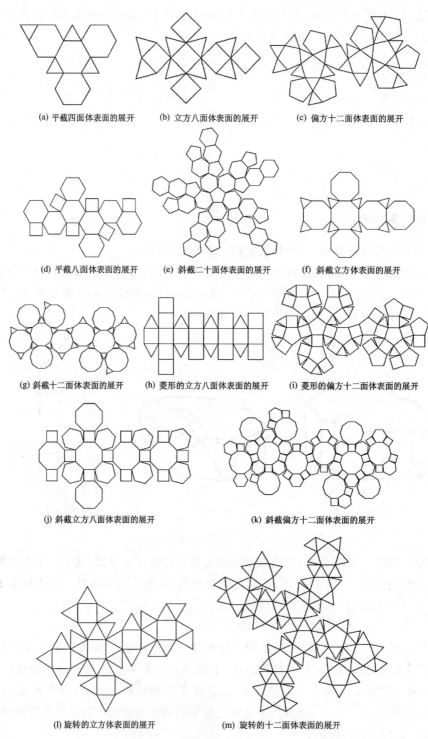

(a) 平截四面体表面的展开　　(b) 立方八面体表面的展开　　(c) 偏方十二面体表面的展开

(d) 平截八面体表面的展开　　(e) 斜截二十面体表面的展开　　(f) 斜截立方体表面的展开

(g) 斜截十二面体表面的展开　　(h) 菱形的立方八面体表面的展开　　(i) 菱形的偏方十二面体表面的展开

(j) 斜截立方八面体表面的展开　　(k) 斜截偏方十二面体表面的展开

(l) 旋转的立方体表面的展开　　(m) 旋转的十二面体表面的展开

图 13-11　半正多面体表面的展开

示,偏方十二面面体表面的展开如图 13-11(c)所示,平截八面体表面的展开如图 13-11(d)所示,斜截二十面体表面的展开如图 13-11(e)所示,斜截立方体表面的展开如图 13-11(f)所示,斜截十二面体表面的展开如图 13-11(g)所示,菱形的立方八面体表面的展开如图 13-11(h)所示,菱形的偏方十二面体表面的展开如图 13-11(i)所示,斜截立方八面体表面的展开如图 13-11(j)所示,斜截偏方十二面体表面的展开如图 13-11(k)所示,旋转的立方体表面的展开如图13-11(l)所示,旋转的十二面体表面的展开如图 13-11(m)所示。

13.3 平面和空间的均分

13.3.1 平面的均分

平面的均分是由具有相同类型的正多边形或具有不同类型但有相同的边长的正多边形覆盖整个的平面。

第一种情况,均分只可能是等边三角形(60°),正方形(90°)和正六边形(120°),如图 13-12(a)所示。

平面的两种正多边形的均分,由具有不同种类型但边长相同的正多边形覆盖组成。这些正多边形的基本类型在数目上是有限的,而它们的变形是无限的。

在图 13-12(b)中,是两种正多边形的组合,第一排是采用等边三角形和正方形,第二排是采用等边三角形和六边形,第三排采用三角形和十二边形、正方形和八边形的组合。

在图 13-12(c)中,是三种正多边形的组合,第一排是采用等边三角形、正方形和正六边形,第二排是有两种采用等边三角形、正方形和正十二边形,有一种采用正方形、正六边形和正十二边形的组合。

在无限连续中,有的是沿着正方形的轴线循环,有的是沿着六边形的轴线循环(图13-12)。

六边形网格也能作非正多边形的平面划分,在每个六边形的网格内由三个菱形组成(图13-13(a)),还可以作些变化(图 13-13(b)、(c))。

13.3.2 空间的均分

空间的均分是以同一类型的正多面体,或以同一类型的半正多面体,或以两种不同类型而具有相同边长的多面体填充在一个体积内。

第 1 种情况,仅能用正方体填充空间(图 13-14(a))。

其他的均分方法,可以用一种半正多面体或几种不同类型的多面体获得。从正方体网格开始,取每个正方体的每条棱的中心,形成相等的立方八面体;同时在网格的节点还形成正八面体,由这两种多面体可以充满全部空间(图 13-14(b))。

如果以立方八面体的中心作为正四面体的顶点,并以同一个立方八面体的三角形面作为基面作出八个正四面体,剩下的是六个正八面体的棱锥。可见,由立方八面体和正八面体组成的空间网格,也可以由正四面体＋正八面体生成。

除了用两种多面体的这样两种空间半正则均分外,也可以单独用一种半正多面体的均分。用斜截八面体(图 13-14(c))按正方体网格均分空间,中间正好留有一个斜截八面体的位置。

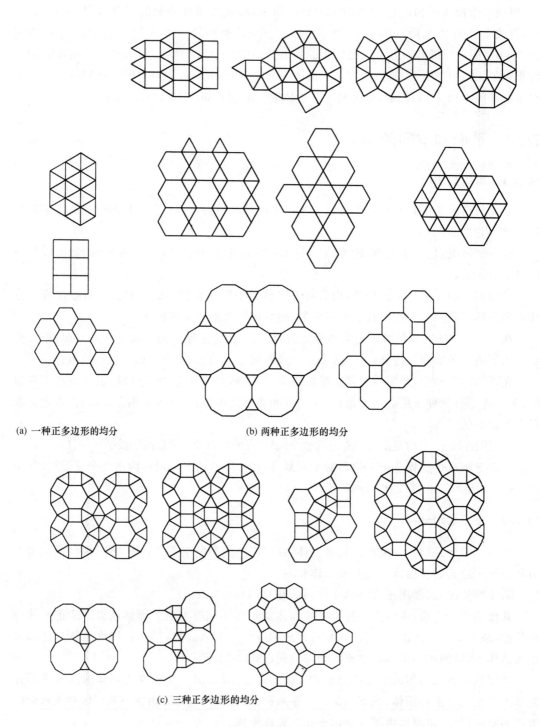

(a) 一种正多边形的均分　　　　　　　　(b) 两种正多边形的均分

(c) 三种正多边形的均分

图 13-12　平面的均分

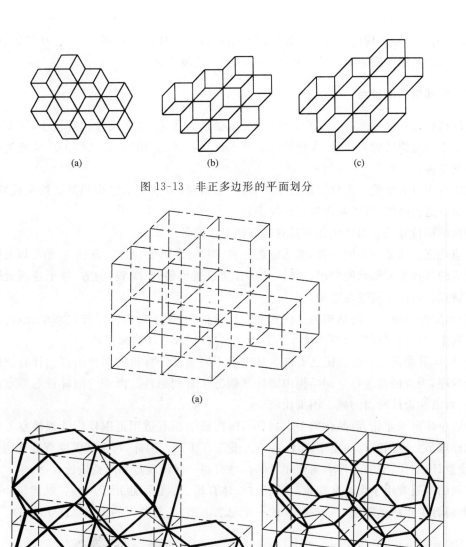

(a)　　　　　　(b)　　　　　　(c)

图 13-13　非正多边形的平面划分

(a)

(b)　　　　　　　　(c)

图 13-14　空间的均分

13.4　空间结构

建筑结构中承重结构的发展促进了线性空间结构的逐步发展，如在某些情况下用桁架来代替实心截面梁。对于垂直的平面屋架用垂直于它们平面的加劲桁架来加固，通过檩条——椽的辅助构架，形成在节点具有集中荷载的坚固结构。这些荷载方向的变化，使得制造它时，必需提供不同方向的加强体系，这样桁架体系就渐渐地发展成空间网架结构。

国内、外大量的工程实践说明，网架结构已成为当前大跨度空间结构中发展最快的一种结构形式。它之所以能获得如此迅速的发展，除了电子计算技术的进步为之提供有利条件外,主要是由于空间结构的良好受力性能以及结构组成的规律性等特点,使它在经济性、安全度、建筑造型、制作安装和计算分析等方面均有其优越之处。

13.4.1　空间结构的特点

空间结构是一种空间杆系结构,杆件主要承受轴力作用,截面尺寸相对较小,因而用料经济。由于结构组成的规律性,大量杆件和节点的形状、尺寸相同,这就给工厂成批生产创造了有利条件。

制作费用可获降低。钢材用量较少,结构自重减轻,可使支承结构和基础的负荷减少,促使建筑总造价降低,可以取得较好的经济效果。

空间结构良好的受力性能使其具有较高的安全储备。

适应性强。能适应不同跨度,能适应正方形、矩形、多边形、圆形、扇形、三角形以及由此组合而成的各种平面形状的要求;同时,又具有建筑造型轻巧、美观,大方、便于建筑处理和装饰等特点。可以丰富建筑造型,。

制作、安装方便。空间结构的杆件和节点比较单一,便于制成标准杆件和单元,可在工厂中成批生产。同时杆件与节点尺寸不大,便于贮存、装卸、运输和拼装。

设计、计算简便。目前我国已有许多适用于不同类型计算机的多种语言的计算空间结构通用程序,为方便地进行空间结构内力计算创造了有利条件。由于空间杆件与节点的单一性,一般结构设计所需的施工图纸比较少。

为适应建筑工业化、商品化的要求,目前,国内已编制有适用范围较广的焊接空心球节点和螺栓球节点空间结构的定型设计,并有专业工厂生产。因此,可根据需要直接选购成品空间,使设计、制作、安装工作大为简化,同时,也有利于保证质量和降低造价。

空间结构通常用于大跨度建筑,如展览馆、体育馆、飞机库,也用于一些特殊建筑和构筑物,如上海青少年活动基地"东方绿舟"的一个纪念造型"托起明天的太阳"(图 13-15)。

图 13-15　东方绿舟的纪念造型

13.4.2　平面网架结构

平面网架结构构成平面屋顶。

桁架结构由铅垂的格构梁组成,有两个方向的格构梁网格,如图 13-16(a)所示,桁架相互正交成 90°;以及三个方向的格构梁网格,如图 13-16 所示,桁架相交成 60°。铅垂桁架的上、下弦杆将形成两个水平的平面网格,平面网格是正方形或三角形。

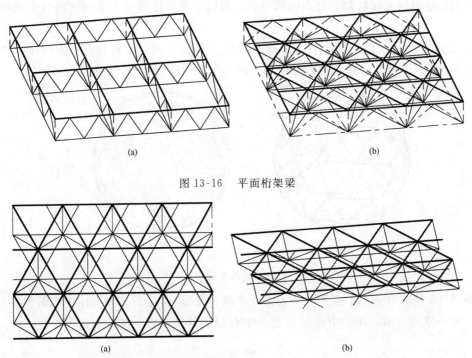

(a)　　　　　　　　(b)

图 13-16　平面桁架梁

(a)　　　　　　　　(b)

图 13-17　平面网架

结构顶面的平面网格(图中粗线)和底面的网格(图中细线)的形状是完全相同的。连接这两个网格节点的撑杆桁架(图中的折线)可以是斜的或垂直的。桁架网格是垂直桁架和平面的空间网格的合成。

如果把两个平面网格之一平移一下,使下层网格的节点正对上层网格中三角形的中心,如图 13-17 所示,上下网格的连杆连接两个网格的节点,而且每个节点的连杆连接到另一网格中三角形的三个顶点。

这些格构结构比较坚固,它们的几何形状还对无数的结构体系提供一个选择。形成顶面和底面结构的两个平面网格可以是相同的或是不相同的,可以是根据彼此之间各种位置中的任意一种,同时连接的格构也可以是几种方法的排列;所以有无数组合的可能性,与所得到的平面三维网格的可能类型的数相对应。

例如,在图 13-18 中由正八面体和正四面体形成的空间均分中,如果分隔平面通过点 a,b,c,d 和 e,f,g,h 时,则得到一个正方形平面网格的空间结构;如果平面通过 m,f,g,n 时,则得到一个

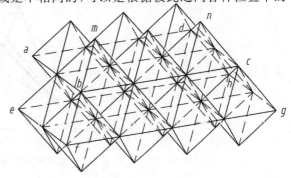

图 13-18　复合平面网架

三角形平面网格的空间结构。

13.4.3　空间网架结构

空间网架结构构成球状和其他曲面状屋顶。利用正多面体和半正多面体可以生成球形网架。

通过重复划分正二十面体，可以生成球形网架。图 13-19(a)是划分正二十面体一次生成的球形网架，图 13-19(b)是再次划分正二十面体生成的球形网架，划分的方法如下。

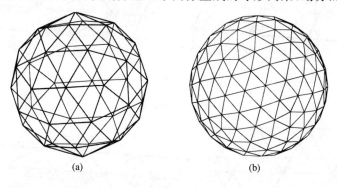

(a)　　　　　　　　　　　　(b)

图 13-19　正二十面体生成球形网架

如果 AAA 是取自正二十面体一个表面 3 个点的投影，O 是正二十面体中心的投影（图 13-20）。第一次划分取 AA 的中点 b，把它从中心 O 到外接球面上的投影，得到 B。

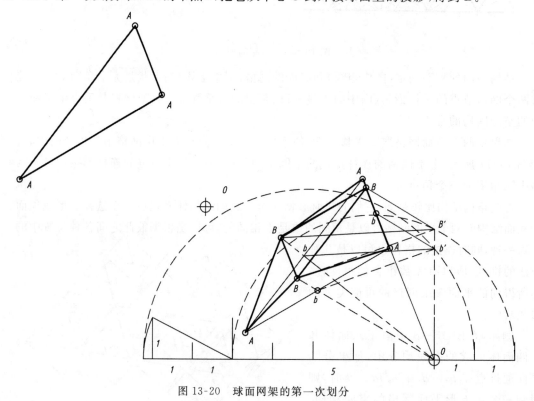

图 13-20　球面网架的第一次划分

其中

$$Ob = \sqrt{R^2 - m^2/4}$$

式中，m 和 R 分别是正二十面体的边和外接球半径，从表 13-2 知道：

$$m = \frac{1}{5}\sqrt{10(5-\sqrt{5})}\,R$$

由此可得：

$$Ob = \frac{\sqrt{5+\sqrt{5}}}{\sqrt{10}}R \tag{13-3}$$

由于 B 位于 Ob 上，并且 $OB = R$，它的位置可由关系式(13-3)通过作图确定。作法是，在过 O 的任意直线上分别在 O 的两侧，取一个单位及 $\sqrt{5+\sqrt{5}}$ 单位，以此线段为直径作半圆，过 O 作直线垂直于直径，与半圆交于 b'，$Ob' = \sqrt{5+\sqrt{5}}$。同样，可以求到 B'，使 $OB' = \sqrt{10}$。

正二十面体的第一次划分，将产生两种类型的面即等边三角形 BBB 和等腰三角形 ABB，两种类型的边，AB 和 BB；及两种类型的顶点，A 和 B。总计：

$$F_1 = 20BBB + 5\times12ABB = 80$$
$$E_1 = 2\times30AB + 3\times20BB = 120$$
$$V_1 = 12A + 30B = 42$$

第二次划分由边 AB 和 BB 的中点 c 和 d，从 O 点分别投射到在外接球上的点 C 和 D。C 点可以通 Oc 和 OC 的比值(图 13-21(b))求得，过 C 点作 AB 的平行线，交得 D 点。

正二十面体的第二次划分后有 4 种类型的三角形表面，即 DDD——等边三角形；ACC、BDD、DCC——等腰三角形；BCD、BDC——相反全等的不规则三角形；5 种类型的边：DD、DB，DC，CC，$CA = CB$；以及 4 种顶点：A，B，C，D。总计得到：

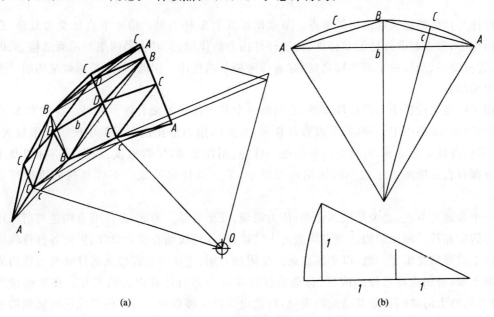

(a)

(b)

图 13-21　球面网架的第二次划分

$$F_2 = 20[DDD + 3(ACC + BDD + DCC + BCD + BDC)] = 4F_1 = 320$$
$$E_2 = 4 \times 30CA + 20[3(DD + CC) + 6(DB + DC)] = 2E_1 + 3F_1 = 480$$
$$V_2 = 12A + 30(B + 2C) + 20 \times 3D = V_1 + E_1 = 162$$

图 13-22 是对上述球形网架作不同选择的结果。

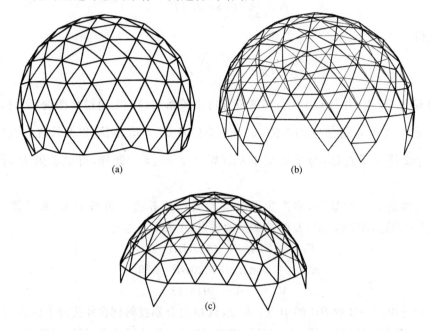

图 13-22 球形网架的不同选择

13.5 节点的投影

杆件与杆件的连接部位叫做节点。节点的形式有多种类型。由于节点处受力复杂,在网架结构中,节点起着连接汇交杆件、传递杆件内力的作用,同时也是网架与屋面结构、天棚吊顶、管道设备、悬挂吊车等连接之处,起着传递荷载的作用。因此,节点是网架结构的一个重要组成部分。

由于网架结构属于空间杆件体系,它的每一个节点往往汇交着许多杆件。少的有 5～6根,多的可达 13 根以上。同时,节点数目众多,节点的用钢量在整个网架中所占比重较大。因此,节点设计是否妥善,对整个网架的受力性能、制作安装,工程进度、用钢量指标以及工程造价都有直接影响。在整个网架结构设计中,节点设计也就成为不容忽视的重要环节之一。

一个合理的节点,必须是受力合理、传力明确、安全可靠。为此,务使节点构造与所采用的计算假定相符。网架结构的节点均假定为铰接,杆件均按轴心受力设计,因而各杆件轴线在节点上应准确交汇于一点,以免偏心而产生附加力矩,支承节点尚应满足计算时所取边界条件的要求,否则边界条件的改变,将造成杆件实际内力与计算内力的差异。在某些情况下,节点构造上的缺陷会危及结构的安全,对此应予以足够重视。合理的节点还应做到构造简单,制作简便,易于拼装,并且耗用钢材少,以取得较好的技术经济效果。

网架的节点形式很多。按节点连接方式可以分为焊接连接和螺栓连接两类,按节点的构造形式可分为焊接钢板节点,焊接空心球节点,焊接短钢管节点,螺栓球节点等。

13.5.1 焊接空心球节点

焊接空心球节点是目前应用最为普遍的一种节点型式。这种节点是一种空心球体(图13-23),它是将两块圆钢板经热压或冷压成两个半球后再对焊而成。

这种节点传力明确,构造简单,造型美观,而且连接方便。对于圆钢管,只要切割面垂直杆件轴线,杆件就能在空心球体上自然对中,杆件与球体的相贯线是一个圆。由于球体没有方向性,可与任意角度的杆件连接。

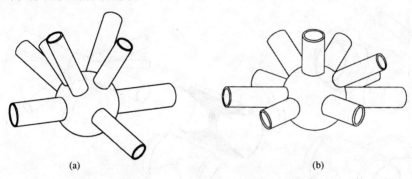

(a)　　　　　　　　　　(b)

图 13-23　焊接空心球节点

13.5.2 螺栓球节点

螺栓球节点是通过螺栓将圆钢管杆件和钢球连接起来的一种节点形式。它一般由钢球、螺栓、销子、套筒和锥头或封板等零件组成,如图 13-24(a)所示。在一般网架中,螺栓球

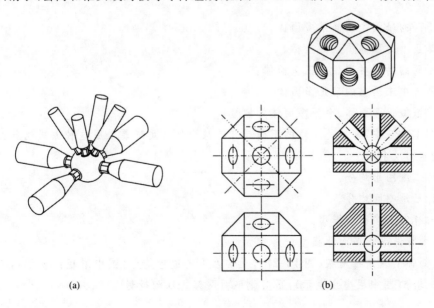

(a)　　　　　　　　　　(b)

图 13-24　螺栓球节点

节点分别位于网架的上弦和下弦平面。这时,呈球体的钢球,在上半部或下半部均无杆件相连。为减少钢球重量,可仅取出连有杆件的半球,并将其简化成图 13-24(b)所示的多面体,形成半螺栓球节点,此形状与图 13-7(a)中的半正多面体类似。

13.5.3 铸钢节点

铸钢节点是一种较新的节点形式,如图 13-25(a)所示,它采用铸钢工艺做成,为了节省材料,减轻自重,中间挖去一个椭球形的孔,成为薄壳形式,如图 13-25(b)所示。它通过焊接与钢管连接。节点各伸出端的外径与杆件的外径相等,焊接后连成一体,造型很简洁,如图 13-25(c)所示。当节点处杆件较多时,节点形状很复杂,制作较困难。

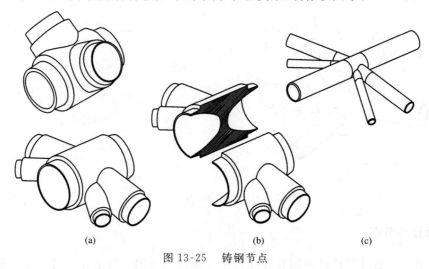

(a)   (b)   (c)

图 13-25   铸钢节点

复习思考题

1. 用不同的轴测类型画正多面体。

2. 计算正十二面体顶点的坐标。

3. 用不同的轴测类型画半正多面体。

4. 构造书中未画出的半正多面体。

5. 用硬纸做正多面体、半正多面体的模型。

6. 在图 13-26 中,哪个是足球的正确展开图?为什么足球要采用这种方式制作?与其他方式比较有什么特点?

7. 设计二维图形均分。

8. 设计三维空间均分。

9. 用木杆做正多面体模型。

10. 用木杆做半正多面体模型。

11. 已知一个六角锥网架(图 13-27),上弦为正六边形均分(图中用粗线表示),下弦为等边三角形均分(图中用虚线表示),画出此平面网架的轴测投影。

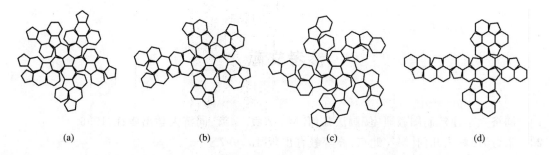

(a)　　　　　　　(b)　　　　　　　(c)　　　　　　　(d)

图 13-26　足球的展开图

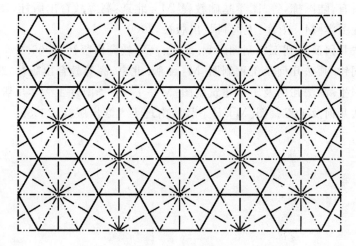

图 13-27　（习题 11）

参考文献

［1］ 同济大学建筑制图教研室.画法几何［M］.2版.上海:同济大学出版社,1996.

［2］ 朱育万.画法几何［M］.北京:高等教育出版社,1997.

［3］ 大连理工大学工程画教研室.画法几何学［M］.北京:高等教育出版社,2007.

［4］ 谭建荣,张树有,陆国栋,等.图学基础教程［M］.北京:高等教育出版社,1999.

［5］ 谢步瀛.工程图学［M］.上海:上海科技出版社,2000.

［6］ 殷佩生.画法几何及水利工程制图［M］.北京:高等教育出版社,2006.

［7］ 唐克中,朱同钧.画法几何及工程制图［M］.4版.北京:高等教育出版社,2009.

［8］ 黄水生,李国生.画法几何及土木建筑制图［M］.广州:华南理工大学出版社,2007.

［9］ 温文炯.画法几何及工程制图［M］.广州:华南理工大学出版社,2005.